程序员的数学基础

Python 实战

[日] 谷尻香织 著

郭海娇 译

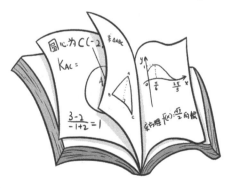

人民邮电出版社

北京

图书在版编目（ＣＩＰ）数据

程序员的数学基础：Python实战／（日）谷尻香织
著；郭海娇译. -- 北京：人民邮电出版社，2022.9
ISBN 978-7-115-59773-1

Ⅰ．①程… Ⅱ．①谷… ②郭… Ⅲ．①程序设计－数
学基础 Ⅳ．①TP311.1

中国版本图书馆CIP数据核字(2022)第135307号

内 容 提 要

数学知识对编程很有用，但是很多写给程序员的数学书都比较难。我们为什么不从基础的数学知识开始学习呢？

本书尽力在计算机的世界中，告诉大家"数学可以怎样用"或者"数学可以解决什么问题"，还尝试用简单的 Python 程序来展示数学的实际应用效果，帮助大家找到一种"原来如此"的感觉，从而掌握相关的数学知识。本书不仅解释了数学理论，还解释了 Python 程序中的计算、证明和理论验证。

本书的主要目标是让数学变得易懂！程序员或者是想要成为程序员的高中生、大学生，以及对机器学习和人工智能感兴趣的初学者，甚至是数学基础薄弱的普通读者都适合阅读本书。

◆ 著　　　　　[日]谷尻香织
　　译　　　　　郭海娇
　　责任编辑　　赵祥妮
　　责任印制　　陈　犇

◆ 人民邮电出版社出版发行　　北京市丰台区成寿寺路 11 号
　　邮编　100164　　电子邮件　315@ptpress.com.cn
　　网址　https://www.ptpress.com.cn
　　北京科印技术咨询服务有限公司数码印刷分部印刷

◆ 开本：880×1230　1/32
　　印张：9.25　　　　　　　　　2022 年 9 月第 1 版
　　字数：264 千字　　　　　　　2025 年 3 月北京第 6 次印刷
　　著作权合同登记号　图字：01-2020-6000 号

定价：49.90 元

读者服务热线：(010)81055410　印装质量热线：(010)81055316
反盗版热线：(010)81055315

版权声明

卷首语

我想再学一次数学——不管是什么原因，这都是拿起这本书的人的共同愿望。当然，如果你想认真学习数学，可能数学教科书是比较合适的。但你不会为了考试而学习吧。

你可能是程序员或有志于学习编程的人。在实际编程中，有些人可能会想："我应该好好学习数学……"你可能买了一本书来学习机器学习或人工智能，但完全不知道上面写的是什么！有些人可能已经感到非常沮丧了。我写这本书，正是希望能帮助这样的人。

本书所涉及的知识只是从小学到高中毕业所学数学的一小部分。与数学教科书不同的是，这本书的重点不在于如何解题，而在于我在学生时代一直有的疑问——这东西哪里会用到呢？或者这到底有什么用？我试图用"在计算机世界里，你可以这样使用它""可以通过使用它来做这些事情"来回答这些问题。

此外，本书并不是一味地让读者看书，还会用Python创建一些简单的程序，这样读者就可以看到程序是如何工作的。通过尝试改变变量的值或改变程序中表达式的某一部分，看看结果是如何改变的，读者会对数学有更深入的理解。同时，读者应该能够摸索出一些在程序中实现数学公式的技巧。

同样，这也不是一本解决数学问题的书。本书讲述的是数学在我们周围的世界，特别是在计算机世界中的应用，旨在通过具体的例子和实践，帮助读者把数学知识内化于心。从本质上讲，数学是一门美丽的学科，因为它是不含糊的。但本书的主要目标是让数学变得通俗易懂，强调的是易懂和可读性。因此，如果读者认真学习过数学，可能会发现书中的一些地方写得不够严谨。我希望读者能忽略它们，不要在意这些细节。

最后，感谢电气通信大学信息科学与工程学院信息与网络工程专业的关口裕太先生在本书写作过程中提出的宝贵意见。在此，我向他表示衷心的感谢。

谷尻香织

目 录

第 1 章
计算机与数字 1

第2章

计算机的运算 33

第 3 章

用图形描绘方程 67

第 **4** 章

第 **5** 章

第 6 章

集合与概率 171

第7章

统计和随机数 197

第 8 章
微积分 229

附录 A

第 1 章
计算机与数字

人类虽然在计算能力方面不如计算机，但却有分析和总结各种现象的能力。计算机虽然可以在瞬间完成非常复杂的计算，但无论多么先进的计算机都不能自己思考。为了让人类和计算机能够更好地合作，人类有必要了解不会思考的计算机。那么，我们先来看看计算机是如何处理数字的。

1.1 进制计数法

进制计数法是一种表示数字的方法。我们常用的是十进制计数法，计算机使用的是二进制计数法，两者的区别在于计数时可以使用的数字个数。

1.1.1 十进制计数法

我们通常按照十进制计数法的规则来表示数字。这是一种基于以下规则的数字表示方法。

- 使用10个数字：0,1,2,3,4,5,6,7,8,9。
- 排列的数字从右到左依次代表个位、十位、百位……

我们数数时，依次数1,2,3,…过了9，再继续，就是10,11,12,…因为我们用的是10个不同的数字，所以我们把它叫作十进制计数法。用这个规则表示的数字叫作十进制数。

例如，数值"2365"，它表示的不是"2""3""6""5"这4个数字，而是

```
2个1000
3个100
6个10
5个1
```

的总和。

用公式表示的话就是 $2365 = (1000 \times 2) + (100 \times 3) + (10 \times 6) + (1 \times 5)$。

1000、100、10、1称为权重，它们是赋予每个数字意义的重要数值。为了理解权重的含义，我们再把上面的公式转换一下。

$$2365 = (10 \times 10 \times 10 \times 2) + (10 \times 10 \times 3) + (10 \times 6) + (1 \times 5)$$
$$= (10^3 \times 2) + (10^2 \times 3) + (10^1 \times 6) + (10^0 \times 5)$$

大家是否注意到，所有数字的权重都是"10的n次方"。另外，10的右肩上的小数字（被称为"指数"）从右向左逐渐增加：0,1,2,3,…这意味着在十进制计数法中，每向左移动一位，权重就变为上一位的10倍。

作为权重基础的"10"是十进制计数法中的"10"，这个数值被称为底数。在后面要解释的二进制计数法和十六进制计数法中，底数分别为"2"和"16"。

1.1.2　0次方

Python有一个指数运算符"**"，可以计算m的n次方。比如10的3次方就是

```
>>> 10**3
1000
```

同样的方式，还可以尝试计算10的0次方或2的0次方。结果永远是1。是不是觉得这很奇怪呢？

```
>>> 10**0
1
>>> 2**0
1
```

10^n（10的n次方）表示"n个10相乘"。如果我们遵循这一规则，那么10^1（10的1次方）是10就说得通了。但10^0（10的0次方）呢？用0个10相乘，所以是10×0吗？而结果并不是0。10×0是10乘以0，与0个10相乘的意义完全不同。

很难想象如何实现0个10相乘。

如果10的指数减少1，那么这个新的数值就是原数值的$\frac{1}{10}$。按照这种计算方式，10的0次方就是"1"（见图1-1）。

用同样的方法，我们看看底数为2的情况（见图1-2）。如果2的指数

减少了1，新数值就会变为原数值的 $\frac{1}{2}$，所以 2^0（2的0次方）就是1。换句话说，无论底数是多少（除0以外），它的0次方都是1。

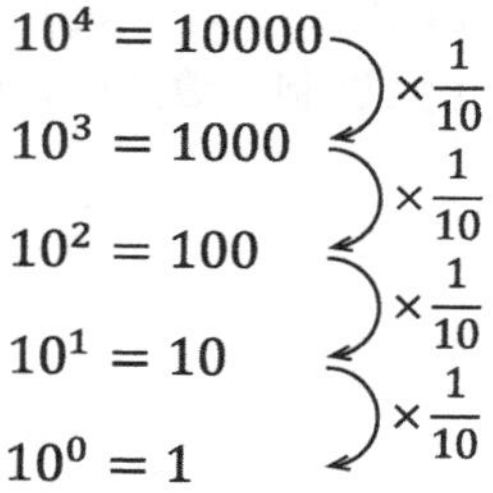

$$10^4 = 10000$$
$$10^3 = 1000$$
$$10^2 = 100$$
$$10^1 = 10$$
$$10^0 = 1$$

$\times \frac{1}{10}$

图1-1　指数变小（十进制）

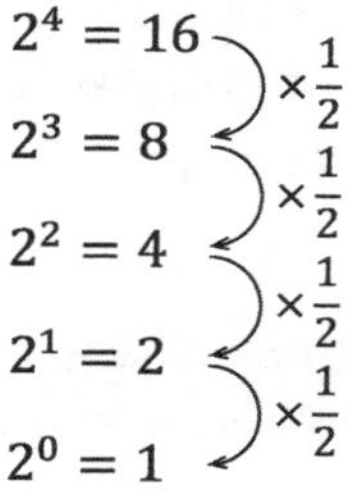

$$2^4 = 16$$
$$2^3 = 8$$
$$2^2 = 4$$
$$2^1 = 2$$
$$2^0 = 1$$

$\times \frac{1}{2}$

图1-2　指数变小（二进制）

1.1.3　二进制计数法

现实中我们采用十进制计数法来表示数字，但在计算机世界中，使用的是二进制计数法。基于以下规则表示的数字称为二进制数。

- 使用0和1两个数字。
- 排列的数字从右到左依次代表 $2^0,2^1,2^2,2^3,\cdots$。

为什么计算机使用二进制计数法呢？因为计算机是靠电运行的机器。当电流流过灯泡时，灯泡就会亮；当电流不流过灯泡时，灯泡不亮。当然，计算机中并没有灯泡，它用的是电子元器件，但原理是一样的，即用流经电子元器件的电信号表示开和关。所以，计算机只能处理两个电信号，即数字中的"1"和"0"。

让我们试着像计算机一样计数，从0开始，然后是1。当用完所有可用的数字后，让我们向左移动1位数字到10，然后是11。再向左移动到100，然后是101,110,111,…二进制数的读法是"一"或"零"。例如，"10"读作"一，零"，而"100"则读作"一，零，零"。

Try Python　**十进制数转换为二进制数**

在Python中，可以使用bin()函数将一个十进制数转换为二进制数。

```
>>>bin(10)    ← 将十进制数10转换为二进制数
'0b1010'      ← 转换后的结果
```

显示在结果开头的"0b"代表该值是一个二进制数。这个符号是Python语法规定的。当然还有其他的符号规定，如"0x"代表十六进制数，"0o"代表八进制数。

专栏　**进制与进制数**

表示数字的方法有很多种，如十进制计数法和二进制计数法。在本书中，十进制计数法和二进制计数法指各自进制的计数方法。

而"十进制数"或"二进制数"指的是计数方法中的数字所表示的值。在本书中，我们使用"二进制1101"或"二进制数1101"这样的表达方式，它们的意思是一样的。

1.1.4　十六进制计数法

二进制对计算机来说是一种非常方便的计数方法，但对我们来说很难使用，因为数字往往很长。而十六进制计数法为我们解决了这个问题。按以下规则所表示的数字被称为十六进制数。

- 使用16个字符（字母可使用小写）：0,1,2,3,4,5,6,7,8,9,A,B,C,D,E,F。
- 排列的数字从右到左依次代表$16^0,16^1,16^2,16^3,\cdots$。

我们不惜用字母也要用十六进制，是因为1位十六进制数字可以代表4位二进制数字。例如，我们很难一下数出在"1111111111"中有多少个1，但如果是FF呢？如果我们懂得十六进制的话，就可以在脑中快速将其转换为"1111 1111"。事实上，十六进制是一种很方便的计数方法，它在使用二进制计数的计算机和我们熟悉的十进制计数之间起了桥梁的作用。

表1-1展示了不同计数法表示的0～31。

表1-1　不同计数法表示的0～31

十进制	二进制	十六进制	十进制	二进制	十六进制
0	0	0	16	10000	10
1	1	1	17	10001	11
2	10	2	18	10010	12
3	11	3	19	10011	13
4	100	4	20	10100	14
5	101	5	21	10101	15
6	110	6	22	10110	16
7	111	7	23	10111	17
8	1000	8	24	11000	18
9	1001	9	25	11001	19
10	1010	A	26	11010	1A
11	1011	B	27	11011	1B
12	1100	C	28	11100	1C
13	1101	D	29	11101	1D
14	1110	E	30	11110	1E
15	1111	F	31	11111	1F

现在让我们看看如何将二进制数字转换成十六进制数字。

- 在进制计数法中，从右边开始表示数字。
- 4位二进制数字等于1位十六进制数字。

基于这两点，我们首先可以将二进制数字从右边开始每4位分成一组。然后，用一个十六进制的数字替换这4位数字。如果数字少于4位，在左边补0。如"101"，在左边补一个0，使之成为"0101"；"11010"，在左边补3个0，使之成为"0001 1010"，然后用十六进制数字替换前4位和最后4位（见图1-3）。

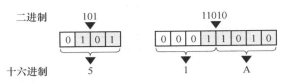

图1-3 从二进制转换到十六进制

十进制、二进制数转换为十六进制数

可以使用hex()函数将十进制和二进制数转换为十六进制数。如前所述，Python规定十六进制数的前缀为"0x"，二进制数的前缀为"0b"。

```
>>> hex(28)          ← 将十进制数28转换为十六进制数
'0x1c'               ← 显示的结果
>>> hex(0b11010)     ← 将二进制数11010转换为十六进制数
'0x1a'               ← 显示的结果
```

1.2 进制转换

十进制转换到二进制，二进制转换到十进制……用不同的计数方法来表示同一个数字，就是进制转换。

1.2.1 十进制转二进制

在十进制数2365中，千位是2，百位是3，十位是6，个位是5。为什么是"2""3""6""5"？算一算就知道了。你认为我应该做什么样的计算？"这是2365，你看到它就知道了！"这个回答不够好。请看图1-4并思考一下。

$$2365 \div 10 = 236 \cdots 5 \leftarrow 10^0 位$$
$$236 \div 10 = 23 \cdots 6 \leftarrow 10^1 位$$
$$23 \div 10 = 2 \cdots 3 \leftarrow 10^2 位$$
$$2 \div 10 = 0 \cdots 2 \leftarrow 10^3 位$$

$$2\ 3\ 6\ 5$$

图1-4　十进制数的每位的数值

答案是"原值重复除以底数后的余数"。如果是十进制数，则除以10，余数是个位的数值；接下来，用商除以10，余数就是十位的数值；然后用商除以10……重复这个过程，直到商变成0，你将得到每位的数值。计算结束后，再按从右到左的顺序排列余数，结果又变成了原来的数字！

当把一个十进制数（如26）转换为二进制数时，要除以2，这是转换的基数。计算到商变成0后，将余数从右到左依次排列，就可以用二进制表示原来的十进制数（见图1-5）。

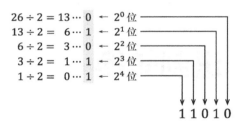

$$26 \div 2 = 13 \cdots 0 \leftarrow 2^0 位$$
$$13 \div 2 = 6 \cdots 1 \leftarrow 2^1 位$$
$$6 \div 2 = 3 \cdots 0 \leftarrow 2^2 位$$
$$3 \div 2 = 1 \cdots 1 \leftarrow 2^3 位$$
$$1 \div 2 = 0 \cdots 1 \leftarrow 2^4 位$$

$$1\ 1\ 0\ 1\ 0$$

图1-5　十进制转二进制

Try Python　十进制到二进制的转换程序

下面让计算机做图1-5所示的工作。代码1-1中的dec2bin()函数将一个十进制数转换为二进制数，这就是Python的bin()函数在内部所做的工作。在执行dec2bin()函数时，target参数必须是一个十进制的数字。例如，要将26转换为二进制数，可以用以下代码实现。可见，执行bin()函数后结果的显示方式与执行dec2bin()函数后的不同，但数字的排列顺序是一样的。

```
>>> dec2bin(26)        ← dec2bin()函数将十进制数26转换为二进制
[1, 1, 0, 1, 0]        ← 显示的结果
```

```
>>> bin(26)            ← Python的bin()函数将26转换为二进制
'0b11010'              ← 显示的结果
```

代码 1-1　将十进制数转换为二进制数

```
1. def dec2bin(target):
2.     amari = []       # 放余数的列表
3.
4.     # 直到商为0
5.     while target != 0:
6.         amari.append(target % 2) # 余数          ]← ①
7.         target = target // 2     # 商
8.
9.     # 按相反顺序返回列表中的元素
10.    amari.reverse()                              ← ②
11.    return amari
```

让我们看一下程序的内容。amari是一个空列表，用来存放余数。①的while循环会一直循环到target的值变成0。

```
amari.append(target%2)  ← 将target除以2的余数添加到amari中
target = target // 2    ← 用target除以2得到的商覆盖target
```

退出while循环后的②是一个命令，将amari的元素按相反的顺序重新排列，实现从右到左对余数进行排序（见图1-6）。

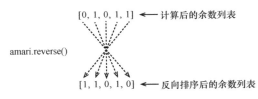

图1-6　将列表中的元素按相反顺序排列

1.2.2　十进制转十六进制

把十进制数除以2后可以转换到二进制，同样从十进制转换到十六进制也是如此。将原值重复除以16直到商为0，并将余数按从右到左的顺序排列。除以16后的余数将是0～15。其中，10～15需用A～F代替（见图1-7）。

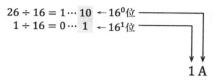

图1-7　将十进制数转换为十六进制数

Try Python　**十进制到十六进制的转换程序**

代码1-2显示了一个将十进制数转换为十六进制数的程序。除了把余数10～15转换为A～F（①的for循环）的部分，它几乎与代码1-1相同。target参数必须是一个十进制的数字。

```
>>> dec2hex(26)      ← dec2hex()函数将十进制数26转换为十六进制数
[1, 'A']             ← 显示的结果
>>> hex(26)          ← Python的hex()函数将26转换为十六进制数
'0x1a'               ← 显示的结果
```

代码1-2 将十进制数转换为十六进制数

```
1.  def dec2hex(target):
2.      amari = []  # 放余数的列表
3.
4.      # 直到商为0
5.      while target != 0:
6.          amari.append(target % 16)  # 余数
7.          target = target // 16  # 商
8.
9.      # 用A～F替换余数的10～15
10.     for i in range(len(amari)):
11.         if amari[i] == 10:        amari[i] = 'A'
12.         elif amari[i] == 11:      amari[i] = 'B'
13.         elif amari[i] == 12:      amari[i] = 'C'     ← ①
14.         elif amari[i] == 13:      amari[i] = 'D'
15.         elif amari[i] == 14:      amari[i] = 'E'
16.         elif amari[i] == 15:      amari[i] = 'F'
```

```
17.
18.     # 按相反顺序返回列表中的元素
19.     amari.reverse()
20.     return amari
```

1.2.3　二进制或十六进制转十进制

现在让我们把二进制或十六进制的数字转换成十进制的数字。实际上，同样的规则也适用于所有从其他进制的数字到十进制的转换。该规则如下。

- m进制的"m"为底数。
- 一个数字的权重用"m的n次方"表示，n的值从右到左依次为0，1, 2, 3, ⋯即"位数−1"。

这个规则也是进制计数法的特点（见图1-8）。

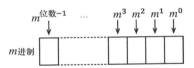

图1-8　m进制数字的权重

例如，将4个数字"2""3""6"和"5"转换成十进制数"2365"，可以使用如下计算方法。

$$(10^3 \times 2) + (10^2 \times 3) + (10^1 \times 6) + (10^0 \times 5)$$
$$=2000+300+60+5$$
$$=2365$$

该计算方法也适用于将二进制或十六进制数转换为十进制数。在二进制中，底数是2，所以11010就是

$$(2^4 \times 1) + (2^3 \times 1) + (2^2 \times 0) + (2^1 \times 1) + (2^0 \times 0)$$
$$=16+8+0+2+0$$
$$=26$$

它在十进制中的数值为26。另外，十六进制数1A转换为十进制数后值也为26，计算方法如下。

$$(16^1 \times 1) + (16^0 \times 10)$$
$$=16+10$$
$$=26$$

Try Python　　**其他进制到十进制的转换程序**

Python的int()函数可以用来将其他进制数转换为十进制数，该函数有两个参数，第一个参数是要转换的数值的字符串，第二个参数是底数。

```
>>> int('0b11010', 2)    ← 将二进制数11010转换成十进制数
26                       ← 显示的结果
>>> int('0x1A', 16)      ← 将十六进制数1A转换成十进制数
26                       ← 显示的结果
```

当然，我们可以直接使用int()函数实现到十进制的转换，但现在我们已经知道算法了，让我们编写一个从其他进制到十进制的转换程序，这就是代码1-3。代码中有两个参数，target参数指定转换前的值为一个字符串，m参数指定底数。注意，只有二进制和十六进制的数字可以用这个程序转换为十进制。

```
>>> any2dec('11010', 2)    ← 将二进制数11010转换成十进制数
26                         ← 显示的结果
>>> any2dec('1A', 16)      ← 将十六进制数1A转换为十进制数
26                         ← 显示的结果
```

代码 1-3　将一个 *m* 进制数转换为十进制数

```
1. def any2dec(target, m):
2.     n = len(target)-1 # 指数的最大值          ← ①
3.     sum = 0 # 转换为十进制的值
4.
5.     # 逐一检查target中的字符
6.     for i in range(len(target)):
7.         if target[i] == 'A':    num = 10
8.         elif target[i] == 'B':  num = 11
9.         elif target[i] == 'C':  num = 12
10.        elif target[i] == 'D':  num = 13
```

```
11.          elif target[i] == 'E':    num = 14          ←─┐ ②
12.          elif target[i] == 'F':    num = 15            │
13.          else:                     num = int(target[i])│
14.                                                         │
15.          sum += (m ** n) * num # 各位的值和其对应权重乘积的总和│
16.          n -= 1                # 指数减1                │
17.      return sum                                      ←─┘
```

①的变量n是在计算一个数字的权重时使用的值（指数）。不管底数是多少，最高位的指数都是"位数-1"。len()函数用来计算字符串的字符个数。

在②的for循环中，逐一检查target中的字符，如果它们是A~F，则对应数值为10~15。如果不是，即为0~9，数值被转换后进行如下计算。

```
sum += (m ** n)*  num  ← 各位值和其对应权重乘积的总和
n -= 1                 ← 指数减1
```

退出for循环后的sum值就是转换后十进制的值。

1.3　计算机世界中的数字

为了加深读者对数学知识的理解，本书将使用擅长计算的计算机来进行各种计算。为了避免丢失重要数据，让我们先看看计算机世界是如何处理数据的。关键概念是比特（位）和字节。

位是计算机可以处理的最小信息量的单位，代表二进制数的一个数字。当8位的数字"聚集"在一起时，就是1字节（Byte）。换句话说，1字节可以处理8位二进制数，2字节可以处理16位二进制数（=2×8）。

1.3.1 数据的处理方式

为了有效地进行计算，计算机在一个固定大小的"容器"中读取和写入数据，这个容器大小的表示单位是字节。如下面的代码，在运行过程中计算机会准备一个名为"a"的容器（为了说明问题，图1-9用1字节表示容器的大小。然而，一般的编程语言将整数处理为4或8字节），并将00000110分配给它（见图1-9）。十进制数6在二进制中是110，但计算机使用字节作为其基本单位，左边用0填满，整个8位都被使用。

```
>>>a = 6
```

图1-9　1字节为8位

现在我们假设数字11111111在1字节的容器中。如果我们给它加1，这个数字就会上升一位，变成100000000，但这个容器的大小只有1字节（8位）。在这种情况下，缺失的数值被丢弃，只有右边的8位数字有效（见图1-10）。

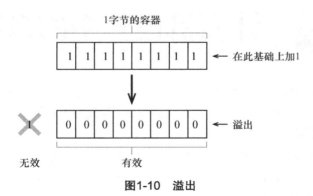

图1-10　溢出

这种情况被称为溢出。请注意，无论计算机的计算多么正确，如果发生溢出，就无法得到正确的答案。

溢出是由于容器对所处理的数据来说太小。对于图1-10所示的情况，使用一个2字节的容器可以避免溢出（见图1-11）。

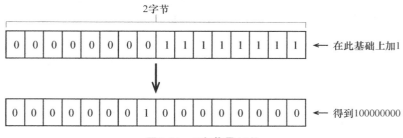

図1-11　2字节是16位

专栏　填充0的意义

在进制计数法中，从最右边的数字开始依次有意义，所以插入数值时，右对齐是基本的要求（见图1-12）。在我们平常使用的纸张上，将多余的数字留空是没有问题的，但在计算机世界中，信息是以字节为单位进行处理的，空位要用0来填充。0是一个重要的数值，表示这个数位上没有值。

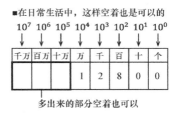

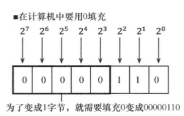

图1-12　0的作用

1.3.2　能处理的数值是有限的

用4位十进制数可以表示多少个数呢？因为每位可以用0～9共10个数字表示，所以答案是10×10×10×10，即10000（见图1-13）。当然，10000不是4位十进制数，因为它有5个数字。所以，用4位十进制数可以表示0～9999共10000个数字。

如果是二进制的4位数呢？二进制中每位可以用0和1两个数字表示，所以答案是 2×2×2×2=16（见图1-14）。

10×10×10×10 = 10000

**图1-13　可由4位十进制数表示的
数值数量**

2×2×2×2 = 16

**图1-14　可由4位二进制数
表示的数值数量**

十进制中的10或二进制中的2按位数自乘所得到的值就是该进制所能处理的数值的数量。如果我们把数值限制在0及0以上（正数），那么可以处理的数值范围如下。

$$0 \sim m^n - 1 \quad (m为底数，n为位数)$$

以二进制为例，可处理的数值范围如表1-2所示。

表1-2　可处理的数值范围

字节数	位数	值的数量	值的范围
1	8	$2^8 = 256$	0～225
2	16	$2^{16} = 65536$	0～65535
4	32	$2^{32} = 4294967296$	0～4294967295
8	64	$2^{64} = 18446744073709551616$	0～18446744073709551615

1.4　负数的处理方式

一般我们使用符号"−"来表示负数，如−5、−10，但在计算机中不能使用"−"（因为所有的信息都由0和1表示），而是使用符号位来表示负数。

1.4.1　计算 $x+1=0$

用十进制计算加1后可以得到0的数，方程如下。

$$x+1=0$$

$$x=-1$$

如果换用8位二进制数来计算，与0000 0001相加得到0000 0000的数值是多少呢？请参考图1-15并思考一下。

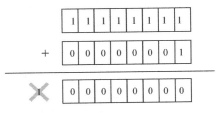

图1-15　1加1111 1111

1111 1111加上0000 0001，可以得到1 0000 0000，结果值的位数增加了。但我们这里的第一个条件是必须用8位二进制数进行计算，如果放弃溢出的数字，结果是0000 0000。

加1后变成0的值只有–1。而十进制数字–1用二进制表示为1111 1111。

$$2^7 \times 1 + 2^6 \times 1 + 2^5 \times 1 + 2^4 \times 1 + 2^3 \times 1 + 2^2 \times 1 + 2^1 \times 1 + 2^0 \times 1$$
$$= 128 + 64 + 32 + 16 + 8 + 4 + 2 + 1$$
$$= 255$$

根据1.2.3小节的内容，二进制数字1111 1111转换为十进制后为数字"255"。结果显然不是"–1"，是不是感到有些困惑呢？

1.4.2　什么是二进制补码

让我们把二进制的数字减少到4位。表1-3显示了当数值 a 为0～15

时，$a+x=0$成立的x值（见图1-16）。如果我们仔细观察可以看到，二进制的x列除了0000之外，是按a列的值降序排列的。

表1-3 　$a + x=0$成立时的x值

十进制		二进制	
a	x	a	x
0	0	0000	0000
1	−1	0001	1111
2	−2	0010	1110
3	−3	0011	1101
4	−4	0100	1100
5	−5	0101	1011
6	−6	0110	1010
7	−7	0111	1001
8	−8	1000	1000
9	−9	1001	0111
10	−10	1010	0110
11	−11	1011	0101
12	−12	1100	0100
13	−13	1101	0011
14	−14	1110	0010
15	−15	1111	0001

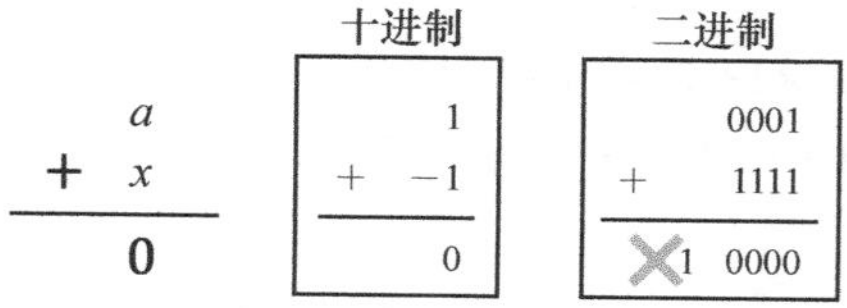

图1-16 　计算$a+x=0$

二进制x列中显示的数字被称为二进制补码，可以通过对二进制数的0和1取反，并在取反后的数值上加1来获得。例如，对二进制数0001的所有数字取反，会得到1110，再加1，就会得到1111这与十进制数15的数值相同。二进制补码可以作为负数用于计算，这有点让人不可思议，让我们看看其计算过程。

　　图1-17显示了5-3的计算过程。在将每个值转换为二进制数之后，减数用二进制补码转换。因为5-3可以看作5+（-3）这样的加法来计算。最后，如果我们将二进制数0101和1101相加，就可以得到1 0010，但由于是4位二进制计算，所以要放弃溢出的数字部分，结果就是0010，转换为十进制数就为2。

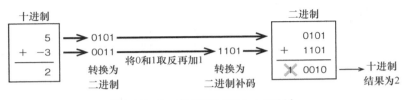

图1-17　5-3的计算过程（十进制）

　　换一个计算示例，如3-5（见图1-18）。把它看作3+（-5），把5表示为二进制补码进行计算。0011和1011相加，可以得到1110。对照表1-3中的二进制的x列，你会发现1110是2的二进制补码，也就是-2。然而，如果看一下列，就会发现1110转换为十进制是14。

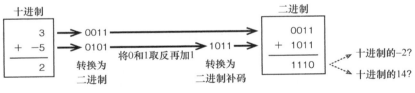

图1-18　3-5的计算过程（十进制）

　　正如我们所看到的，对于计算机来说，采用二进制补码是非常方便的，因为可以用加法运算来做减法。然而，我们不希望该值有两种不同的解释。这就要靠符号位了。

1.4.3　用符号位区分正负

　　我们制定了在数字前加"-"表示负数的规则，但计算机只能处理0和1。因此，我们把二进制数最左边的数字称为"符号位"。当符号位为0时，代表正数；为1时，代表负数（见图1-19）。

根据这一规则，二进制补码只能以一种方式解析，所以，4位二进制数表示的数值也就确定了，如表1-4所示。

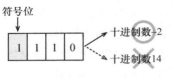

图1-19　符号位

表1-4　由4位二进制数表示的数值

二进制	十进制	二进制	十进制
0000	0	1000	−8
0001	1	1001	−7
0010	2	1010	−6
0011	3	1011	−5
0100	4	1100	−4
0101	5	1101	−3
0110	6	1110	−2
0111	7	1111	−1

1.4.4 计算机能处理多大的数

用8位（1字节）的二进制数可以表示256（=2^8）个值。如果其中1位用于符号位，就只剩下7位，如果用7位数字似乎看起来能表示的数值会减少至128（=2^7）个。但由于正数和负数两种类型都需要用符号位表示，1字节仍然可以表示256（=128×2）个值（见图1-20）。

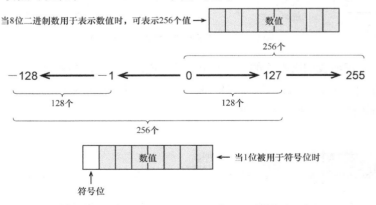

图1-20　8位二进制数可表示的数值范围

如果二进制数的位数为n，则可以处理的数值范围的计算方法为

$-2^{n-1} \sim 2^{n-1}-1$，常用数值范围如表1-5所示。

表1-5 常用数值范围

字节数	位数	数值个数	数值范围
1	8	$2^7 = 128$	$-128 \sim 127$
2	16	$2^{15} = 32768$	$-32768 \sim 32767$
4	32	$2^{31} = 2147483648$	$-2147483648 \sim 2147483647$
8	64	$2^{63} = 9223372036854775808$	$-9223372036854775808 \sim$ 9223372036854775807

专栏 处理数字的数据类型

　　Python使用int（整数）和float（浮点数）数据类型来处理数字。这两种数据类型都可以处理负数。

```
>>> a = 100      ← 将100分配给变量a
>>> a            ← 确认a的值
100              ← 显示的结果
>>> type(a)      ← 确认变量a的数据类型
<class 'int'>    ← 显示的结果
>>> a = -100     ← 将-100赋给变量a
>>> a            ← 确认a的值
-100             ← 显示的结果
```

　　由于Python的int类型没有固定的大小，它可以处理的数值范围没有限制。然而，在大多数编程语言中，每个数据类型都有自己的大小（以字节为单位）。此外，即使是相同大小（字节数）的数据，也有两种类型，即"有符号"和"无符号"类型，这取决于是否使用符号位。例如，表1-6显示了C语言中处理整数的主要数据类型。请注意，每种类型可以处理的数值范围是不同的。

表1-6 C语言中处理整数的主要数据类型

数据类型		大小（字节数）	数值范围
有符号	char	1	$-128 \sim 127$
	short	2	$-32768 \sim 32767$
	long	4	$-2147483648 \sim 2147483647$
无符号	unsigned char	1	$0 \sim 255$
	unsigned short	2	$0 \sim 64535$
	unsigned long	4	$0 \sim 4294967295$

　　注：long类型的字节数因处理系统的不同而不同。

1.4.5 二进制补码与进制转换

在计算机世界中，负数用二进制补码表示。例如，十进制数−10按如下步骤转换为二进制。

① 将绝对值转换为二进制。

② 对数字0和1取反。

③ 在转换后的数值上加1（二进制补码）。

得到的结果是1111 0110。在图1-21中，我们使用了8位数字（1字节），但如果我们想使用2字节，需用与符号位相同的值来填充空位，得到的结果就是1111 1111 1111 0110。

图1-21 从十进制到二进制补码

反之，把二进制补码[1]转换为十进制时，需要按如下步骤进行。

① 所有数字0和1取反。

② 转换后的数值加1。

③ 转换为十进制，并加上"−"。

例如，如果用这种方法，把二进制补码1111 0011转换为十进制后的结果为−13（见图1-22）。

图1-22 从二进制补码到十进制

---

1 符号位（二进制数最左边的数字）为0时并不是二进制补码。在这种情况下，请用1.2.3小节中描述的方法将其转换成十进制。

Try Python　关于二进制补码

如果把一个负数作为bin()函数的参数，将会在二进制数的开头看到一个"–"。

```
>>> bin(-10)    ← 将十进制中的-10转换为二进制
'-0b1010'       ← 显示的结果
```

请注意这是Python处理后显示的结果，以便我们理解，而不是计算机内部使用的实际值（二进制补码）。

如果你想显示二进制补码，可以将给bin()函数传递的参数转换为补码。详细内容会在2.3.6小节中进行介绍。

```
>>> bin(-10 & 0xFF)  ← 将十进制数-10转换为二进制补码
'0b11110110'         ← 显示的结果
```

1.5　小数的表示方法

包括小数点的数值，如3.14、9.8，被称为小数。当然，小数点"."不能在计算机世界中使用。在计算机世界中，以浮点数的形式来处理小数。

1.5.1 数位的权重

在1.1.1小节中，我们介绍了十进制数中数位的权重由10^n表示，n每增加1，新权重就变为原权重的10倍。请根据上述内容来思考这个问题：值"10.625"表示10有1个，1有0个，0.1有6个，0.01有2个，而0.001有5个，所有这些的总和就是该数值，这怎么用数学表达式来表示呢？

像10和1一样，0.1和0.01也有数位权重，我们可以把它表示为

$10.625 = (10^1 \times 1) + (10^0 \times 0) + (10^{-1} \times 6) + (10^{-2} \times 2) + (10^{-3} \times 5)$。如果不知道其中原因，请看图1-23，它显示了小数中每低一位数，新权重变为原权重的 $\frac{1}{10}$。

同样，让我们考虑二进制数"0.1001"。当然，"0.1001"中的"."不能在计算机世界中使用，但在二进制计数法中，数位低一位，新权重就变为原权重的 $\frac{1}{2}$。

$$(2^0 \times 0) + (2^{-1} \times 1) + (2^{-2} \times 0) + (2^{-3} \times 0) + (2^{-4} \times 1)$$
$$= (1 \times 0) + (0.5 \times 1) + (0.25 \times 0) + (0.125 \times 0) + (0.0625 \times 1)$$
$$= 0.5625$$

因此，二进制数"0.1001"转换为十进制数就为"0.5625"（见图1-24）。

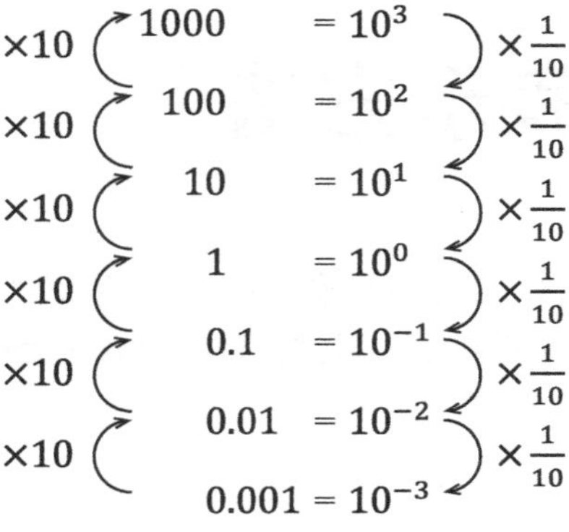

图1-23　十进制数的数位权重 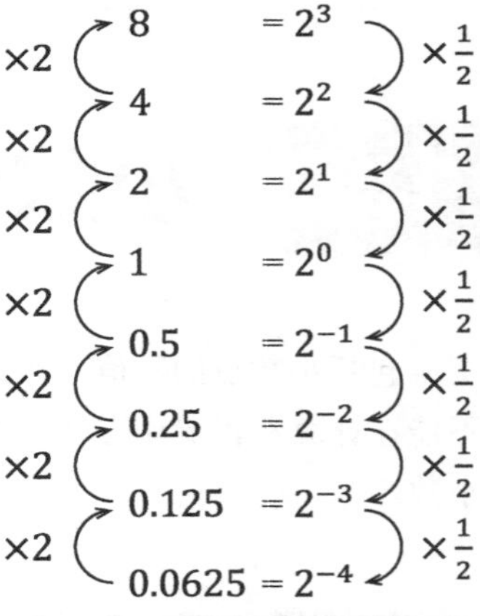　　　　图1-24　二进制数的数位权重

1.5.2 小数的进制转换

还记得如何将十进制的整数转换为二进制数吗？重复除以2，直到商变成0，然后从右到左依次排列余数。如小数10.625的整数部分可以用该方法转换为二进制数（见图1-25）。

$$10 \div 2 = 5 \cdots 0 \leftarrow 2^0 \text{位}$$
$$5 \div 2 = 2 \cdots 1 \leftarrow 2^1 \text{位}$$
$$2 \div 2 = 1 \cdots 0 \leftarrow 2^2 \text{位}$$
$$1 \div 2 = 0 \cdots 1 \leftarrow 2^3 \text{位}$$

1 0 1 0

图1-25 将整数部分转换为二进制数

对于小数部分，将小数部分乘以2，重复该过程直到小数部分变为0，并将所得整数按从左到右的顺序排列（见图1-26）。如果你不明白除以2或乘以2的原因，请看图1-24，并仔细思考一下原因。

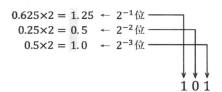

$$0.625 \times 2 = 1.25 \leftarrow 2^{-1} \text{位}$$
$$0.25 \times 2 = 0.5 \leftarrow 2^{-2} \text{位}$$
$$0.5 \times 2 = 1.0 \leftarrow 2^{-3} \text{位}$$

1 0 1

图1-26 将小数部分转换为二进制数

根据这种方式转换，十进制数10.625转换成二进制数就是1010.101。当然，这只是一个显示在纸面上的值。在计算机内部，小数是以浮点数的形式处理的。

Try Python 十进制小数转换为二进制数的程序

代码1-4中的dec2bin_ex()函数是对代码1-1中dec2bin()函数的修改，可将小数转换为二进制。参数target必须是一个十进制数。执行示例如下。

```
>>> dec2bin_ex(10.625)  ← 将十进制数10.625转换成二进制数
([1, 0, 1, 0], [1, 0, 1]) ← 显示的结果(格式为[整数部分], [小数部分])
```

代码 1-4 "dec2bin_ex"将十进制数转换为二进制数（小数版）

```
1. def dec2bin_ex(target):
2.     # 将target分离成整数和小数部分
3.     i = int(target) # 整数部分
4.     f = target - i # 小数部分
5.
6.     # 将整数部分转换为二进制数
7.     a = [] # 剩余部分的列表
```

```
8.
9.        # 直到商为0
10.       while i ! = 0:
11.           a.append(i % 2) # 余数        ← ①
12.           i = i // 2 # 商
13.
14.       # 把元素按相反的顺序排列
15.       a.reverse()
16.
17.       # 将小数部分转换为二进制数        ← ②
18.       b = [] # 带有整数部分的列表
19.       n = 0 # 重复的次数
20.
21.       # 乘以2直到小数部分为0
22.       while (f ! = 0):
23.           temp = f * 2 # 小数部分 x 2
24.           b.append(int(temp)) # 整数部分
25.           f = temp - int(temp) # 小数部分
26.           n += 1
27.           if ( n >= 10 ):              ←③
28.               break
29.
30.       # 值转换为二进制
31.       return a, b
```

　　首先，我们把给定的参数target分成整数和小数部分。可以用int()函数来获取target的整数部分。从target值中减去这个值，就得到了小数部分。随后代码部分①将整数转换为二进制数。更多细节见代码1-1。

　　代码部分②是转换小数部分。将小数部分乘以2，然后将结果的整数部分加到列表中，重复这个过程，直到小数部分为0。代码部分③是在10次迭代后退出循环的指令。关于限定迭代次数的原因，见1.5.4小节。

1.5.3 计算机如何处理浮点数

　　十进制数10.625转换为二进制数，即1010.101。那么0.1呢？0.000110011001100…后面会一直持续下去，但就目前而言，如果结果取小数点后十位，就是0.0001100110。然而，这只是书面上的表达。

"."不能在计算机世界中使用。在计算机世界，我们使用指数来表达这些值，即浮点数（见图1-27）。符号部分与符号位相同。0代表正数，1代表负数，以此类推。剩下的指数部分和小数部分的数值由小数点的位置决定。

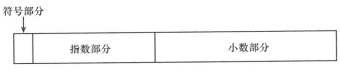

图1-27　浮点数

首先，移动小数点的位置，使二进制数的整数部分变成1。例如，将1010.101的小数点向左移动3位，得到1.010101。如果再乘以移动位数的权重，则为$1.010101×2^3$，这样就可以恢复到原来的值。以同样的方式，我们用指数来表示0.00011001100。这一次，我们将小数点向右移动4位，所以得到$1.100110×2^{-4}$（见图1-28）。你知道为什么指数是负的吗？小数点每向右移动一位，数值就会变为移动前数值的2倍、4倍……还原的话必须相应变为$\frac{1}{2}$、$\frac{1}{4}$……

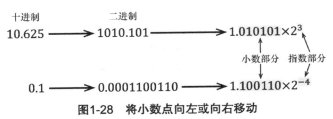

图1-28　将小数点向左或向右移动

现在，通过这种方法，你可以将任何数值表示为"$1.××××…×2^n$"。为了得到"$1.××××…×2^n$"，可以把小数点向左或向右移动，这就是浮点数。数字的小数部分指的是小数点后的部分，而指数部分指的是"n"。

1.5.4　无法避免的小数误差

你对什么是浮点数有一个模糊的概念了吗？大多数编程语言提供

两种处理浮点数的数据类型：单精度浮点数和双精度浮点数（见表1-7）。Python的float类型具有与双精度浮点数相同的精度。

表1-7 用于处理浮点数的数据类型

数据类型	大小	符号部分	指数部分	小数部分
单精度浮点数	32位（4字节）	1	8	23
双精度浮点数	64位（8字节）	1	11	52

坦率地说，你不需要知道浮点数的构成就可以编写程序。但要记住如下两点。

- 小数在计算机内会被当作浮点数来处理。
- 在这种情况下会产生误差。

例如，如果你把十进制数0.1转换成二进制数，会得到0.0001100 1100…没有穷尽。这同样适用于0.2和0.3。无论你在小数点之后增加多少位，你都不能用精准的二进制数来代替它们。但容器的大小是有限的，切分位数将产生非常小的误差。当然，即使是最先进的计算机也不能消除这种误差。重要的是，我们要明白，当我们与计算机互动时，会有误差。

1.6　字符与颜色的处理

计算机处理的不仅仅是数字，还包括文本、图像、声音等各种信息，但也只使用0和1来处理。让我们看一下这些信息如何替换为0和1。

1.6.1　计算机如何处理字符

在计算机世界中，我们使用一套称为字符编码的规则来处理字符。例如，根据表1-8所示的ASCII（美国信息交换标准代码），"A"指的是"1000001"（十进制的65），"a"指的是"1100001"（十进制的97）。由于ASCII被限制在1字节以内（准确地说是7位），所以只能表示128种字符。使用平假名、片假名和汉字等多种字符的日语，使用的是JIS（日本工业标准）码或Shift-JIS（是一个日本常用的计算机系统的编码表）码，用2字节来表示一个字符，并根据处理系统的不同有的时候使用EUC（是一种使用8位编码来表示字符的方法）码。

表1-8　ASCII

ASCII值	字符	ASCII值	字符	ASCII值	字符	ASCII值	字符
0	NUL	32	[SPACE]	64	@	96	`
1	SOH	33	!	65	A	97	a
2	STX	34	"	66	B	98	b
3	ETX	35	#	67	C	99	c
4	EOT	36	$	68	D	100	d
5	ENQ	37	%	69	E	101	e
6	ACK	38	&	70	F	102	f
7	BEL	39	'	71	G	103	g
8	BS	40	(	72	H	104	h
9	HT	41	)	73	I	105	i
10	LF	42	*	74	J	106	j
11	VT	43	+	75	K	107	k
12	FF	44	,	76	L	108	l
13	CR	45	-	77	M	109	m
14	SO	46	.	78	N	110	n
15	SI	47	/	79	O	111	o
16	DLE	48	0	80	P	112	p
17	DC1	49	1	81	Q	113	q
18	DC2	50	2	82	R	114	r
19	DC3	51	3	83	S	115	s
20	DC4	52	4	84	T	116	t
21	NAK	53	5	85	U	117	u
22	SYN	54	6	86	V	118	v
23	ETB	55	7	87	W	119	w
24	CAN	56	8	88	X	120	x
25	EM	57	9	89	Y	121	y
26	SUB	58	:	90	Z	122	z
27	ESC	59	;	91	[	123	{
28	FS	60	<	92	\	124		
29	GS	61	=	93	]	125	}
30	RS	62	>	94	^	126	~
31	US	63	?	95	_	127	DEL

然而，随着字符编码类型的增加，出现了一些不便之处。当你打开一个网页时，你是否看到过无法正常显示的字符（乱码）？当创建文件使用的字符编码与解释文件使用的字符编码不同时，就会发生这种情况。当你使用这些字符时，应该注意其使用的是哪种字符编码。UTF-8和UTF-16是为了解决乱码等不便之处而开发的字符编码。[1]

1.6.2 计算机如何处理颜色

计算机屏幕上显示的所有颜色都是由红、绿、蓝（被称为三原色或三基色）的组合来表示的。由于每种颜色的强度可以在0～255的范围内调整，所以可以显示的颜色数量计算如下。

$$256×256×256=16777216种$$

这意味着大约有1670万种颜色可以被显示，主要颜色强度值参考表1-9。

表1-9　主要颜色强度值

颜色	红色强度	绿色强度	蓝色强度
黑色	0	0	0
红色	255	0	0
绿色	0	255	0
蓝色	0	0	255
黄色	255	255	0
浅蓝色	0	255	255
紫色	255	0	255
白色	255	255	255

你对0～255熟悉吗？这些是可以用1字节（8位）表示的值。这个系统被称为24位色，因为它用红、绿、蓝各8位来表示一种颜色。另外，除了红、绿、蓝的强度外，还有增加了8位表示透明度（alpha值）的32位色[2]（见图1-29）。两者所能代表的颜色数量没有区别。

1　更确切地说，UTF-8和UTF-16是对Unicode（统一码）中定义的字符进行编码的方法。

2　在某些情况下，为了方便计算机运算，增加了8位，原因是计算机可以更有效地处理32位数据。

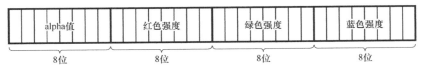

图1-29　用4字节表示颜色

　　用智能手机拍摄的照片或用绘画软件绘制的图片由一系列的小彩点（像素）组成。在计算机内部，每个像素的颜色信息被按顺序记录下来，并作为一个单一的图像处理（见图1-30）。在2.3.7小节中，我们将向你展示如何将一个像素的颜色分解为红、绿、蓝三部分。

图1-30　图像是像素的集合

　　在这种情况下，新增加的8位是没有特殊含义的值。

第 2 章
计算机的运算

　　计算机可以做 3 件事：接收信息，进行运算，产生结果。无论过程看起来多么复杂，计算机都是通过接收信息、处理信息并产生结果的，利用这个结果再进行其他运算，再产生结果……计算机就是通过这种重复性工作来实现运算的。那么，计算机的运算是什么呢？它几乎与数学中的"计算"含义相同。然而，在计算机的世界里，不仅有数值运算，还有计算机特有的运算，这点要注意。

2.1 算术运算：计算机的四则运算

在数学中有加、减、乘、除四则运算，而在计算机世界中，算术运算也指的是加法、减法、乘法和除法运算。

2.1.1 表达式的写法

学习数学时，我们会接触到各种公式，举例如下。

- 半径为r的圆的面积为πr^2。

- 从n个球里面选择r个的方法数量为C_n^r。

- 从1到n的所有数字的总和为$\displaystyle\sum_{k=1}^{n} k$。

如果我们能在程序中直接写出这些符号，那就太方便了，但不幸的是，我们不能这样做。这是因为公式是一个运算过程的有效表达方法，但不是运算本身。

例如，求1到n的所有数字之和的公式如下。

$$\sum_{k=1}^{n} k = \frac{1}{2}n(n+1)$$

通过该公式可知，1到100的所有数字之和可以表示如下。

$$\sum_{k=1}^{100} k = \frac{1}{2}\times100\times(100+1)$$

在程序中需要写的是等号（＝）右边的公式部分，但不能用键盘来输入"×"和"÷"等符号，或分数。取而代之的是使用表2-1中的符号来描述这些公式，而这些符号就被称为算术运算符[1]。

表2-1　Python中的算术运算符

运算符	含义
+	加
-	减
*	乘
/	除
//	整除
%	取余
**	幂运算

为什么除法有3个运算符呢？这是有原因的。例如，如果有人问你："10除以3的结果是多少？"你会如何回答？3.3333…或"3余1"都没有错。然而，在编写程序时，你需要根据想要的结果使用不同的运算符，如下例所示。

```
>>> 10 / 3            ← 当希望结果是一个实数时
3.3333333333333335    ← 显示的结果
>>> 10 // 3           ← 当需要商时
3                     ← 显示的结果
>>> 10 % 3            ← 当想要得到余数时
1                     ← 显示的结果
```

此外，在数学中，我们知道10的3次方被写成10^3，但实际计算时是指$10×10×10$。当你把它写进程序时也是如此。然而，如果指数的值很大，计算机可能就很难马上知道该值被乘了多少次。在这种情况下，使用"**"就更易于理解。

```
>>> 10*10*10   ← 用乘法输入10的3次方
1000           ← 显示的结果
>>> 10**3      ← 输入10的3次幂
1000           ← 显示的结果
```

在Python中，计算出的结果可以通过以下方式赋给一个变量。

1　表2-1显示了在Python中可以使用的算术运算符。请注意，整除、取余和幂的运算符因编程语言的不同而不同。

```
>>> a = 10 - 3   ← 将10-3的结果赋给变量a
>>> a            ← 检查变量a的值
7                ← 显示的结果
```

在程序中使用的"="符号被称为赋值运算符，它执行的是"将写在右边的结果赋给左边的变量"的过程。

在数学运算问题中，比如

$$10-3=7$$

"="意味着"相等"，即"左边和右边是相等的"。需要注意的是，在程序中使用的"="与数学中使用的"="有不同的含义。

专栏　复合运算符

让我们来思考一下，在编程时，如果a=1，那么a=a+1是多少？在数学中，"="意味着"相等"；但在程序中，"="是赋值的意思。比如a＝a＋1是一个"在a的当前值上加1并将结果赋给a"的过程，得到的结果是2。

```
>>> a = 1       ← 初始化变量a（赋值为1）
>>> a = a + 1   ← 在a的当前值上加1，将计算结果赋给a
>>> a           ← 检查a的值
2               ← 显示的结果
```

同样的处理在Python中也可以使用另外一种写法。"+="运算符也是一种赋值运算符，因为它可以同时进行算术运算和赋值，有时被称为复合运算符。常用的复合运算符可参考表2-2。

```
>>> a = 1       ← 初始化变量a
>>> a += 1      ← 在a的当前值上加1后，将得到的结果再赋给a
>>> a           ← 检查a的值
2               ← 显示的结果
```

表2-2　Python的复合运算符

运算符	使用方法	等同写法
+=	a += b	a = a + b
-=	a -= b	a = a - b
*=	a *= b	a = a * b

续表

运算符	使用方法	等同写法
//=	a //= b	a = a // b
%=	a %= b	a = a % b
**=	a **= b	a = a ** b

2.1.2 运算优先级

在解决数学算术问题时有一些规则。例如，"有7袋糖果，每袋有3颗红色糖和2颗蓝色糖。那么，一共有多少颗糖果？"用下面这个算式求解的话得到的结果是错的。

$$3+2×7=35$$

因为当一个表达式包含多种运算符时，必须先做乘法和除法，而不是加法和减法。所以上面的算式应该按如下顺序进行计算。

① 2×7=14。

② 3+14=17。

按照这个顺序，结果就是17。但这不是正确的糖果总数。

还有另一条计算规则，即有括号先计算括号内的部分。所以，上述问题算式如下。

$$(3+2)×7=35$$

正确的计算结果是35颗。

这条规则在程序中同样适用。表2-3显示了Python的算术运算符的优先级。最优先的是代表正数和负数的符号。在同一行的运算符，如"*""/""//"和"%"，具有相同的优先级。如果公式中所采用的运算符优先级相同，则按从左到右的顺序进行计算。

也可以使用()来改变运算的优先级。可以在一个表达式中写任意多的括号，但"("括号的数量必须等于")"括号的数量。另外，请记住，如果在一个()里面还有一个()，那么内部的()应该被优先计算。

```
>>> 3 + 2 * 7              ← 先计算2×7
17
>>> (3 + 2) * 7            ← 先计算3+2
35
>>> 10 * ((3 + 2) * 7)    ← 依次计算3+2、5×7、10×35
350
```

表2-3　算术运算符的优先级

优先级	运算符	含义
高	+、–	分别为正数、负数符号
↑	**	幂
	*、/、//、%	分别为乘、除、整除、取余
↓	+、–	分别为加、减
低	=	赋值

专栏　**括号的作用**

括号不仅用来改变运算顺序，而且也可使表达式更容易阅读。例如，下面两个表达式都进行了相同的计算，得到相同的结果，但后一个使用括号的表达式更容易理解。

```
>>> 2 * 3 + 3 * 4
18
>>> (2 * 3) + (3 * 4)
18
```

2.1.3　如何减小小数误差

这是一个算术问题。如果你把0.1加10次，结果是多少？很多人会回答："因为有10个0.1，所以结果是1，因为0.1×10或有规律地加10次0.1，结果都是1。"然而，如果你在计算机中加10次0.1，结果就不会是"1"，原因是0.1在计算机中必须用二进制表示（参考1.5.4小节的内容）。

```
>>> a= 0                      ← 将变量a初始化为0
>>> for i in range(10):       ← 重复10次
...       a += 0.1            ← 在a的当前值上加0.1并将其赋给a
...                           ← 输入Enter
>>> a                         ← 向屏幕输出变量a
0.999999999999999             ← 显示的结果
```

由于计算机以二进制数处理所有信息,因此不可避免地会出现这种误差。然而,一个一开始小到并不明显的误差值,随着计算的累积,最终会变成一个大的误差值。如果需要精确计算结果,如在控制小型行星探测器或手术机器人时,则这种误差不能被忽视。

这里有一个不产生误差的方案。由于产生误差的原因是对小数的处理,我们可以在计算中不使用小数。如果使用下面的步骤对上述例子进行计算,就不会产生误差,因为计算过程中并没有包括小数。

① 0.1的小数点向右移动一位→1。

② 将1加10次→10。

③ 将小数点移到结果左边的第一个数字→1.0。

```
>>> a = 0                     ← 将结果的变量a初始化为0
>>> b = 0.1 * 10              ← 将小数点向右移动一位(10倍)
>>> for i in range(10):       ← 重复10次
...       a += b             ← 将b加入a的值,并将其赋给a
...                           ← 输入Enter
>>> a = a / 10                ← 将小数点移至结果左边的第一个数字(乘以1/10)
>>> a                         ← 将结果(a的值)输出到屏幕上
1.0                           ← 显示的结果
```

计算机虽然可以按照程序中写的公式计算,但结果不一定是正确的。我们需要尝试设计一种方法来获得我们想要的结果,而不是被动接受在只能处理二进制数的计算机中产生的误差。

2.2　用移位运算做乘除法

移位的英文为shift,其含义是"移动"。移位运算是一种移动二进制数的位的运算。虽然移位运算是计算机中特有的运算,但它可用于执行与乘法和除法相同的运算。

2.2.1 位的左右移动

在第1章中，我们谈到了每个数字在进制计数法中都有意义。例如，十进制计数法中的每个数字都有其意义，如图2-1所示。

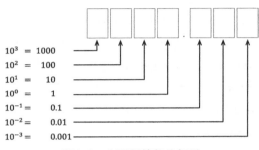

$$10^3 = 1000$$
$$10^2 = 100$$
$$10^1 = 10$$
$$10^0 = 1$$
$$10^{-1} = 0.1$$
$$10^{-2} = 0.01$$
$$10^{-3} = 0.001$$

图2-1　十进制的数位权重

首先，让我们考虑十进制的数字移位。如图2-2所示，用4张卡片代表4位数，如果把放在右边的"1""2"逐一向左移动一位，在空缺的位置上放0，会发生什么情况？如果向左移动两位会发生什么情况？移动的结果是得到了120和1200。

图2-2　数字移位

在十进制计数法中，每向左移动一位，数值就变为原数的10倍；向右移动时，数值就变为原数的 $\frac{1}{10}$ 。在图2-2中，可以清楚地看到，移位运算与乘法或除法的效果是一样的。

还记得二进制计数法中每个数字的含义吗？每向左移动一位，数值就变为原数的2倍；每向右移动一位，数值就变为原数的$\frac{1}{2}$（见1.1.3小节）（见图2-3）。

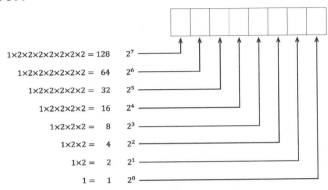

图2-3　二进制的数位权重

在Python中，移位运算用表2-4中的运算符表示。请注意，计算机是基于字节的，因此，位的移动按以下规则完成。

- 通过向左移位把0插入空位中。
- 通过向右移位把0或1插入空位中。
- 忽略任何移位所溢出的位。

表2-4　Python移位运算符

运算符	含义
<<	左移
>>	右移

让我们从左移开始确认。

```
>>> 12 << 1    ← 将12向左移一位
24             ← 显示的结果
>>> 12 << 2    ← 将12向左移两位
48             ← 显示的结果
```

向左移动一位时，数值变为原数的2倍；移动两位时，数值变为原数的4倍。如果不知道为什么，请看图2-4。如果将十进制数12转换为二进制，会得到00001100，将所有的位向左移动一位，并在最右边的空位插入0，会得到00011000，也就是十进制数24。

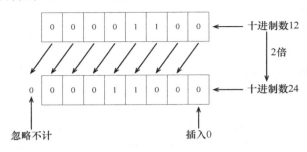

图2-4 左移

接下来是右移。移位运算的第二条规则将在后面具体介绍，这里我们在右移后的空位上插入0，如图2-5所示，结果是00000110，即十进制数6。

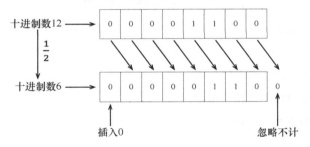

图2-5 右移

我们看一个Python的例子。

```
>>> 12 >> 1    ← 将12向右移一位
6              ← 显示的结果
>>> 12 >> 2    ← 将12向右移两位
3              ← 显示的结果
```

当向右移动一位时，结果会变为原数的 $\frac{1}{2}$；而当向右移动两位时，结果会变为原数的 $\frac{1}{4}$。

当一个不能被2整除的数值右移时，只剩下整数部分。例如，十进制数9转换为二进制数是00001001，当该二进制数向右移动两位时，就变成了11000010，也就是十进制数2（9÷4=2.25的整数部分）。

专栏　移位运算与算术运算

二进制的移位运算可以比算术运算更快地进行乘除运算，但对于我们这些熟悉十进制计数法的人来说，这很难想象。例如，在解决"如果把9颗糖分给4个人，每个人可以得到多少颗糖"这个问题时，可以用下面的移位运算方法。

```
>>> 9 >> 2      ← 向右移动两位（见图2-6）
2               ← 显示的结果
```

和上面的方法相比，下面的算术运算方法更容易理解。

```
>>>9 / 4        ← 执行 9 / 4
2.25            ← 显示的结果
```

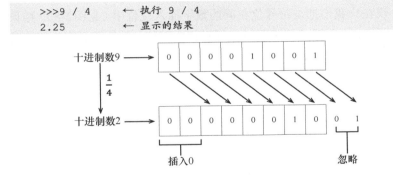

图2-6　向右移动两位

现在，编译器的性能已经提高，处理器的运算速度也不用我们担心。当我们清楚地知道正在处理位数据时，采用移位运算是有效的，就像下面2.3.7小节介绍的例子一样；但在处理数字数据时，为了让程序代码更清晰，应该使用算术运算。

2.2.2 两种类型的右移运算：算术和逻辑

当一个数位左移时，空位插入0，但在右移的情况下，可以在空位插入0或1。当尝试用负数进行右移时，就可以看出其中的原因。

例如，十进制数–12在二进制中是11110100。如果我们把这个二进制数向右移一位，并在空位插入0，就会得到01111010，很明显，它不是一个负数（见图2-7）。

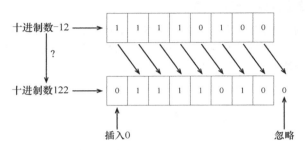

图2-7　将0插入空位中

现在让我们把与符号位相同的数字插入空位中（见图2-8）。结果是11111010，这是十进制数–6。通过向右移位，数值就会变为原数的$\frac{1}{2}$。

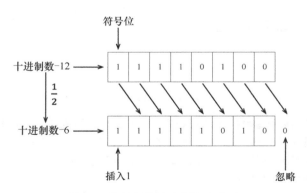

图2-8　将符号位数字插入空位中

如图2-7所示，将0插入空位的方法称为逻辑右移。这种方法用于处理作为二进制位序列的数据，如2.3.7小节将介绍的情况。

图2-8显示的是算术右移。在符号具有重要意义的数字数据中，将

与符号位相同的数字插入右移空出的数位中，会得到一个一致的数值。在图2-8中，只移动了一位。如果右移两位或更多位，那么所有的空位都会被与符号位相同的数字填充。

```
>>> bin(-12 & 0xFF)    ← 将-12转换为二进制数（二进制补码）
'0b11110100'           ← 显示的结果
>>> -12 >> 2           ← 将-12向右移两位（变为原数的 1/4 ）
-3                     ← 显示的结果
>>> bin(-3 & 0xFF)     ← 将-3转换为二进制数（二进制补码）
'0b11111101'           ← 显示的结果
```

2.3　计算机特有的位运算

位运算是计算机特有的运算[1]，以二进制位为单位进行。它是非常重要的运算，与本章后文要讲的逻辑运算和第6章要讲的集合运算也息息相关。

2.3.1　什么是位运算

有4种类型的位运算：与（AND）、或（OR）、异或（XOR）和非（NOT）。其中，除NOT运算外，其他运算都是使用两个位进行加法或乘法的运算。与算术运算不同的是，进行位运算的数字在运算后不会进位。

Try Python　**位运算是如何执行的**

Python使用表2-5所示的运算符来进行位运算。让我们先看看如何使用它们。

1　尽管本书先介绍了移位运算，但移位运算也是位运算之一，因为它是移动二进制数字的位模式。

```
>>> 1 & 1        ← 与运算
1                ← 显示的结果
>>> 1 | 1        ← 或运算
1                ← 显示的结果
>>> 1 ^ 1        ← 异或运算
0                ← 显示的结果
>>> ~1           ← 非运算（二进制00000001）
-2               ← 显示的结果（二进制补码11111110）
```

表2-5　Python位运算符

运算符	含义
&	与运算
|	或运算
^	异或运算
~	非运算

2.3.2 与运算

现在让我们来看看每种位运算的基本原则。我们要讲的第一种位运算是与运算。

与运算是先比较两个对应位，如果两个对应位都是"1"，则返回"1"，否则返回"0"（见表2-6），也就是说，两个对应位相乘就是与运算。

表2-6　与运算

输入1	输入2	结果
1	1	1
1	0	0
0	1	0
0	0	0

图2-9显示了二进制数10101010和00001111之间的与运算。如果你仔细观察，就可以看出来，与0000进行与运算的结果都是"0"，与1111进行与运算的结果都与原始值相同。

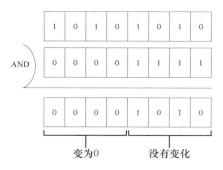

图2-9　与运算

在计算机世界中，有一个词叫掩码（mask）。掩码有"覆盖"或"面具"的意思。因此，"强行将不再需要的数位值设为0，只提取必要的数字"被表述为"掩码"。图2-9显示了对高4位施加掩码并提取低4位值的状态。掩码的具体内容将在2.3.7小节讲解。

2.3.3 或运算

或运算是比较两个对应位，如果任何一位为"1"，则返回"1"。当两个对应位都为"0"时，结果为"0"（见表2-7）。或运算的结果遵循两个对应位相加的规则，如果结果大于或等于1，则结果为"1"。

表2-7　或运算

输入1	输入2	结果
1	1	1
1	0	1
0	1	1
0	0	0

图2-10显示了二进制数字10101010和00001111的或运算。与0000进行或运算的结果与原值相同，与1111进行或运算的结果将原为"0"的位改为了"1"。

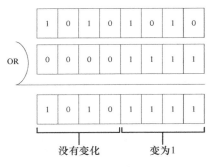

图2-10 或运算

在计算机世界中，有一个词叫作标志（flag）。"设置标志"的意思是"在程序中设置一个值来发出信号"，就像挥舞旗帜向远处的人发出信号。这就是或运算的作用。我们将在2.3.8小节讨论设置标志的问题。

2.3.4 异或运算

异或运算是一种比较两个对应位的运算，如果两个对应位的值相同，则返回"0"，如果它们的值不同，则返回"1"（见表2-8）。异或运算的结果是将两个对应位相加，并放弃需要进位的数字。

表2-8 异或运算

输入1	输入2	结果
1	1	0
1	0	1
0	1	1
0	0	0

图2-11显示了二进制数字10101010和00001111之间异或运算的结果。与0000进行异或运算的结果与原值相同，与1111进行异或运算的结果是对原值的取反。如果你想进行取反操作，可以使用异或运算。

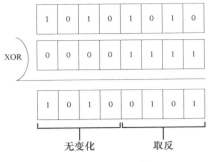

无变化　　　　取反

图2-11　异或运算

2.3.5 非运算

非运算是一种将所有位都取反的运算（见表2-9和图2-12）。

表2-9　非运算

输入	结果
1	0
0	1

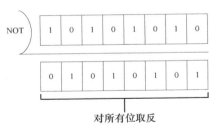

对所有位取反

图2-12　非运算

当我们在Python中执行非运算时，会得到如下结果。

```
>>> ~1  ← 非运算（二进制的00000001）
-2      ← 显示的结果（二进制补码11111110）
```

你可能对上述结果感到不解。事实上，在Python中，进行位运算时假设所有数字前面的空位都是0。如1，则是00000001，进行非运算后，结果就是11111110，就是十进制的-2。

多位位运算

使用表2-5中的运算符，也可以进行多位位运算，如图2-9至图2-12所示。为了更容易理解，让我们用bin()函数来显示二进制计算后的结果。

```
>>> bin(0b10101010 & 0b00001111)    ← 与运算
'0b1010'                            ← 显示的结果
```

这是二进制数10101010和00001111之间的与运算的结果（与图2-9相同）。在Python中，前面的0不显示，所以结果是1010，但用8位表示就是00001010。

位运算也可以在十进制数上进行。此时，在计算机内部会进行二进制位运算，这对于我们这些熟悉十进制数的人来说是很难理解的，但在了解下文2.3.8小节的内容后，你就会知道这也是一种有效的方法。

```
>>> 170 & 15   ← 二进制数10101010和00001111进行与运算
10             ← 显示的结果（二进制数1010）
```

2.3.6 求二进制补码

还记得前文介绍过在计算机世界中"负数用二进制补码表示"[1]吗？二进制补码的转换方法如下（示例见图2-13）。

① 取绝对值转换为二进制，然后将所有数字中的0和1取反。

② 在转换后的数值基础上加1。

如果我们在Python中这样做，

```
>>> ~10 + 1   ← 十进制数10的所有位取反（非运算）再加1
-10           ← 显示的结果
```

---

1 见1.4.2小节和1.4.5小节。

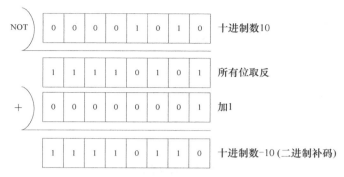

图2-13　获得二进制补码的过程

十进制数10变为–10，结果是一个负数。然而，如果我们使用bin()函数将–10写成二进制，那么，

```
>>> bin(-10) ← -10转换为二进制
'-0b1010'    ← 显示的结果
```

其结果与计算机中使用的二进制补码不同。这时就要用到与运算了。如果将–10和1进行与运算，则原值保持不变。

```
>>> bin(-10 & 0b11111111) ← -10 (十进制) 和11111111 (二进制)
                            进行与运算，并以二进制输出结果
'0b11110110'              ← 显示的结果
```

现在我们可以得到–10的二进制补码。请注意，二进制数11111111也就是十六进制数FF。上述代码可以改写如下。

```
>>> bin(-10 & 0xFF)  ← -10 (十进制) 和FF (十六进制)
                        进行与运算，并以二进制显示结果
'0b11110110'         ← 显示的结果
```

2.3.7　用掩码取出部分位

在计算机世界中，通过按顺序记录像素的颜色信息来创建一张图片[1]。

1　见1.6.2小节。

我们假设一个像素的颜色信息被记录为4字节（32位），如图2-14所示。在提取红色、绿色和蓝色成分的数值时，我们使用了一种叫作"掩码"的技术。

alpha值（透明度）　　　红色　　　　绿色　　　　蓝色

图2-14　32位色的例子

例如，为了提取蓝色，在低8位设置为"1"、所有其他位设置为"0"的情况下进行与运算，由于与运算的返回值是"当两个位都是1时为1，否则为0"，这样就可以得到一个保留蓝色成分，所有其他位设置为"0"的值，如图2-15所示。11111010是十进制数250。这意味着这个像素的蓝色成分的数值为"250"。用于提取必要位的位模式被称为掩码模式或掩码，使用掩码来提取必要位被称为应用掩码。

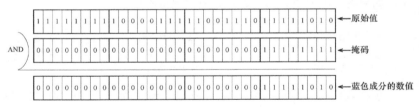

图2-15　对前面3字节应用掩码

提取绿色成分的数值的过程也是如此。在绿色位设置为"1"、其他位设置为"0"的情况下进行与运算。然而，由于在二进制计数[1]中最右边一个数字开始有意义，所以与运算的结果11001110 00000000不能直接转换为十进制数。

这时就要用到移位运算了。将与运算的结果右移8位[2]，就会得到11001110，即十进制的206，这意味着这个像素的绿色成分的数值就是

206（见图2-16）。

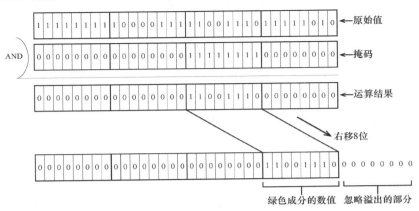

图2-16　对前面2字节应用掩码，并将8位逻辑右移

为了提取红色成分，对原始值执行与运算"000000 11111111 00000000 00000000"，然后将计算结果右移16位。

Try Python　**提取颜色的成分**

在编程时，图2-17所示的颜色信息[1]通常被处理为一个4字节的整数。因此，对该值的引用将返回十进制数4287090426。代码2-1是一个将该值分解为各颜色成分的程序。结果按红、绿、蓝的顺序显示。

```
>>> c = 4287090426   ← 将图2-17所示的颜色信息（十进制数）分配给变量c
>>> r, g, b = get_pixel_color(c)   ← 执行get_pixel_color()函数
>>> print(r, g, b)   ← 按r、g、b的顺序输出
135 206 250   ← 显示的结果（从左到右分别为红、绿、蓝的值）。
```

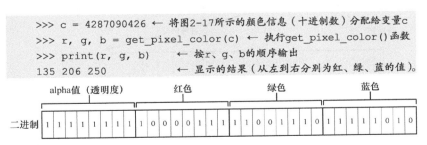

图2-17　32位色的例子

1　有多种颜色信息的表达形式，如"ARGB"和"BGRA"，在实际创建程序时需要注意。

代码 2-1　将颜色信息分解为红、绿、蓝

```
1. def get_pixel_color(c):
2.     r = (c & 0x00FF0000) >> 16    # 红色
3.     g = (c & 0x0000FF00) >> 8     # 绿色
4.     b = (c & 0x000000FF)          # 蓝色
5.     return r, g, b
```

第二行的

$$r = (c \,\&\, 0x00FF0000) >> 16$$

是提取红色成分的表达式。如果表达式中有一对括号，那么这部分就会
优先计算[1]，对吗？在这种情况下，颜色信息和十六进制数00FF0000（二
进制数00000000 11111111 00000000 00000000）先进行与运算，然后右
移16位（见图2-18）。这同样适用于绿色成分，它的颜色信息与十六进
制数0000FF00先进行与运算，然后右移8位。只有低位的蓝色成分不需
要进行移位运算。蓝色的颜色信息与十六进制数000000FF进行与运算
的结果成为蓝色成分。

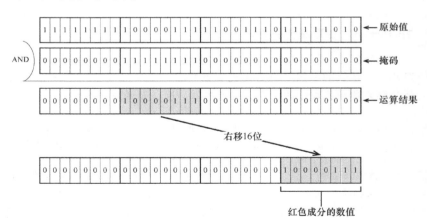

图2-18　提取红色成分的过程

1　见2.1.2小节。

2.3.8 将位用作标志

我们假设一个游戏中的角色可以有4种物品：金币、剑、宝石和糖果。为了表示主角太郎所拥有的物品，我们在程序中进行如下设置。

```
taro_coin = True    ← 金币：有
taro_sword = False  ← 剑：没有
taro_gem = False    ← 宝石：没有
taro_candy = True   ← 糖果：有
```

像上面那样，如果你想管理每种物品，需要4个变量。如果花子小姐参加同一个游戏，我们也需要为她准备4个变量。按照这种算法，我们不可能对每个参与者的所有变量进行管理。

在这种情况下，我们可以使用标志法，1字节（8位）的低4位具有图2-19所示的含义，如果我们设定一个规则，低4位值为"1"表示"有"，为"0"表示"没有"，那么低4位可以用来创建表2-10所示的16种状态。

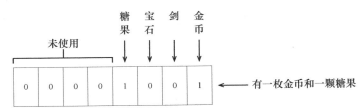

图2-19　赋予低4位以意义

表2-10　使用低4位来表示16种状态

十进制	二进制	含义
0	0000	没有任何东西
1	0001	拥有金币
2	0010	拥有剑
3	0011	拥有金币和剑
4	0100	拥有宝石
5	0101	拥有金币和宝石

续表

十进制	二进制	含义
6	0110	拥有剑和宝石
7	0111	拥有金币、剑和宝石
8	1000	拥有糖果
9	1001	拥有金币和糖果
10	1010	拥有剑和糖果
11	1011	拥有金币、剑和糖果
12	1100	拥有珠宝和糖果
13	1101	拥有金币、珠宝和糖果
14	1110	拥有剑、珠宝和糖果
15	1111	拥有金币、剑、宝石和糖果

通过这种方法，可以用如下变量设置主角太郎所拥有的物品。

```
taro_item = 0b1001  ← 有剑和糖果
```

像这样，用一个变量就可以表示角色拥有的所有物品，而且通过掩码还可以判断是否拥有某一种物品。例如，如图2-20所示，将掩码中对应剑的位改为"1"，其余位改为"0"，进行与运算后，就可判断角色是否有剑。如果使用4个变量，你将无法立即确定一个角色拥有哪些物品。

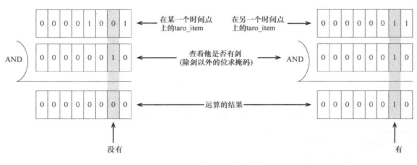

图2-20　使用位来判断

Try Python　　对标志进行运算

让我们用Python来模拟在游戏过程中获得和失去物品。每个位的含

义如图2-21所示。下文的"打开"和"关闭"是指"将位设置为1"和
"将位设置为0"。

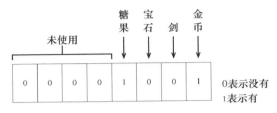

图2-21　每个位的含义

标志的初始化

从没有任何物品开始。

```
>>> taro_item = 0
```

现在我们已经设置了初始值，使用二进制数设置初始值如下。

```
>>> taro_item = 0b0000
```

但在Python中，高位是由0填充的，所以和如下代码是一样的。

```
>>> taro_item = 0b0
```

设置标志

开始游戏后，角色得到一枚金币。此时，将金币位设置为1，其他
位设置为0，并进行或运算。这将确保黄金位被打开，因为或运算在任
何一个位为1时都会返回1。

```
>>> taro_item = taro_item | 0b0001   ← 设置金币标志
>>> taro_item                        ← 确认taro_item
1                ← 显示的结果（二进制0001=有金币）
```

现在角色又得到了一颗糖果。此时，将糖果位设置为1，其他位设
置为0，并进行或运算。可以不改变金币位的值，而打开糖果位。

```
>>> taro_item = taro_item | 0b1000   ← 设置糖果标志
>>> taro_item                        ← 确认taro_item
9                ← 显示的结果（二进制1001=有金币、糖果）
```

使用标志位做判断

一段时间后,这个角色的能量就会不足。为了补充能量,他需要糖果。现在我们将糖果位设置为1,其他位都设置为0,并做与运算,当两个位都是1时,与运算返回1,所以如果与运算的结果不是0,可以确定有糖果[1]。

但必须创建一个新的变量来输入运算的结果。如果还使用tao_item,那么当前项目的内容将被改变。

```
>>> chk_candy = taro_item & 0b1000   ← 确认糖果标志是否被设置,
                                        并将结果赋给chk_candy
>>> chk_candy                        ← 确认计算结果
8                                    ← 显示的结果(二进制数字1000=有糖果)
```

释放标志位

用糖果补充能量后,糖果的位必须被设置为0。在这种情况下,进行如下操作。

① 按位取反,将糖果位设置为1,其他位设置为0。

② 对取反的值和当前状态值进行与运算。

操作完成后,金币位保持不变,只有糖果位被关闭(见图2-22)。

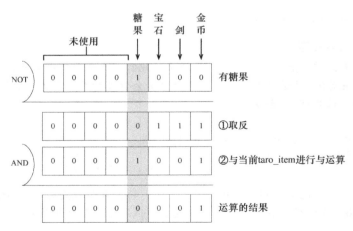

图2-22 释放标志位

---

1 关于如何使用if语句,见2.4.1小节。

```
>>> taro_item = taro_item & (~0b1000)  ←设置糖果标志
>>> taro_item                ← 确认 taro_item
1                            ← 显示的结果（二进制0001=有金币）
```

在这个例子中，我们用二进制来设置标志，用十进制的结果也是一样的。例如，设置宝石标志时，可以使用图2-23所示的数字权重，并按如下方式设置，以获得相同的结果。

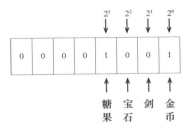

图2-23　二进制数的数字权重

```
>>> taro_item = taro_item | 4 ← 设置宝石标志并重置taro_item
>>> taro_item                ← 确认taro_item
5                            ← 显示的结果（二进制0101=有金币和宝石）
```

2.4 计算机用逻辑运算进行判断

数学世界中的逻辑运算是通过确定一个给定条件是"正确"还是"不正确"来寻求答案。例如，天使总是说真话，而恶魔总是说谎言。但人说的可能是真话，也可能是谎言。如现在，当A、B、C分别说了如下的话。

A："我不是天使。"

B："我不是恶魔。"

C："我不是人。"

请推测他们的身份[1]。这是一种逻辑运算。可能有的人会说他不擅长解决这种问题。但计算机世界中的逻辑运算并不像上例这么复杂，它主要用于通过判断一个给定条件是"正确"还是"不正确"来改变程序的流程。

2.4.1 比较运算

比较两个数值并判断其结果是"正确"还是"不正确"的运算被称为比较运算。在数学中，我们已经学会在写比较数值的表达式时使用">"">=""和"≠"。如10>5，因为10就大于5，所以这个表达式是"正确"的。在计算机世界中，"正确"用"True"表示，"不正确"用"False"表示[2]。Python中的比较运算符如表2-11所示。

表2-11 Python中的比较运算符

运算符	含义
==	等于
!=	不等于
<	小于
>	大于
<=	小于或等于
>=	大于或等于

如果变量a的值是5，让我们看看比较运算符的运算结果会怎样。

```
>>> a = 5      ← 初始化变量a
>>> a < 5      ← 是否小于5?
False          ← 显示的结果
>>> a <= 5     ← a是否小于或等于5?
True           ← 显示的结果
```

---

1 答案：A是人，B是恶魔，C是天使。
2 在计算机世界中，真和假也用0和1表示，但这两个值和每种编程语言的关联方式不同。

Try Python　用比较运算改变程序流程

比较运算可以作为if语句中的条件表达式来使用，以改变程序的流程。代码2-2显示了在2.3.8小节介绍的游戏中确定一个角色是否有糖果的程序。例如，taro_item的值是9的执行结果如下。

```
>>> taro_item = 9          ← 二进制数1001表示有糖果、金币
>>> check_candy(taro_item) ← 执行check_candy()
有                         ← 显示的结果
```

代码 2-2　确定是否有糖果

```
1. def check_candy(item):
2.     if (item & 0b1000) != 0:    # 糖果标志是否为真
3.         print('有')
4.     else:
5.         print('没有')
```

2.4.2 使用 True 和 False 的逻辑运算及其真值表

在计算机世界中，使用真（True）和假（False）这两个值的运算被称为"逻辑运算"。逻辑运算用于确定多个条件表达式的组合是真还是假，如"考试分数在60至79以内"或"按键值等于a或A"。

逻辑运算有4种类型：逻辑与、逻辑或、逻辑异或和逻辑非。除了使用True和False代替1和0外，逻辑运算与位运算完全相同[1]。各种运算的结果见表2-12至表2-15。这个表被称为真值表。

表2-12　逻辑与（AND运算）

输入1	输入2	运算结果
True	True	True
True	False	False
False	True	False
False	False	False

---

[1]　见2.3节。

表2-13　逻辑或（OR运算）

输入1	输入2	运算结果
True	True	True
True	False	True
False	True	True
False	False	False

表2-14　逻辑异或（XOR运算）

输入1	输入2	运算结果
True	True	False
True	False	True
False	True	True
False	False	False

表2-15　逻辑非（NOT运算）

输入	运算结果
True	False
False	True

2.4.3 逻辑与（AND 运算）

如何用程序根据分数对成绩分级呢？代码如下。

```
80 ~ 100分 A级
60 ~ 79分 B级
40 ~ 59分 C级
0 ~ 39分 需补考
```

假设变量score表示分数，我们想知道某个分数是否为A级，代码如下。

```
>>> score >= 80    ← 如果分数为80分或以上，返回True
```

这似乎很有效。那么，B级呢？

```
>>> score >= 60    ← 如果分数为60分或以上，返回True
```

可是这样一来，即使是90分，结果也会是B级。我们再看下面的代码。

```
>>> score < 80    ← 当分数小于80分时，返回True
```

只要分数小于80分，则都是B级。为什么每个人都得到B级，不管他们的分数是高是低？让我们看看图2-24，想想其中的原因。

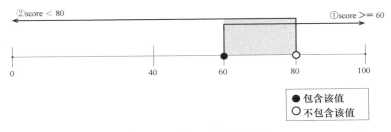

图2-24　60~79分的范围

图2-24中的①表示"分数大于或等于60分"的范围，②表示"分数小于80分"的范围。而被判定为B级的正是两者重叠的部分（见图2-24中的灰色区域）。

换句话说，判断一个分数是否为B级的正确方法是结合两个条件表达式，使分数大于或等于60分且小于80分。在Python中，你可以使用AND运算符来写。

```
>>> (score >= 60) and (score< 80)
```

由于逻辑与只有在两个运算都为"True"时才返回"True"，我们可以检查分数是否在60至79分以内。

- -

Try Python　　**逻辑与（AND运算）成绩分级程序**

代码2-3中的func_and()函数可根据学生的考试成绩来判定学生得到A、B、C还是需补考。让我们试一下。

```
>>> rank = func_and(78)  ← 使用func_and()函数，score参数为78分
>>> rank
B                        ← 显示的结果
```

代码 2-3　根据考试分数判断成绩等级

```
1. def func_and(score):
2.     if score >= 80:                          # score大于或等于80分
3.         rank = 'A'
4.     elif (score >= 60) and (score < 80):  # score为60~79分
5.         rank = 'B'
6.     elif (score >= 40) and (score < 60):  # score为40~59分
7.         rank = 'C'
8.     else:                                    # 除此之外（score不到40分）
9.         rank = '需补考'
10.    return rank
```

2.4.4 逻辑或（OR 运算）

图2-25显示的是希望喜欢狗的人输入"Y"，不喜欢狗的人输入"N"的界面。如果你在这种情况下输入小写字母，如"y"或"n"，会发生什么呢？从输入用户的角度来看，肯定是希望可以同时支持大写和小写字母。此时就可以使用逻辑或。

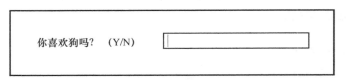

你喜欢狗吗？ （Y/N）

图2-25　输入示例

逻辑或是一种运算，如果指定条件中的任何一个是"True"，则返回"True"。在上面的例子中，如果你输入的值为"Y"或"y"，结果将返回"True"。可以在Python中使用OR运算符来表示逻辑或。

```
>>> (a == 'Y') or (a == 'y')
```

Try Python　利用逻辑或来判断 Y 和 y 都是 "True"

代码2-4 中的 func_or() 是一个函数，如果输入 "Y" 或 "y"，则显示 "yes"，否则显示 "no"。让我们试一下吧。

```
>>> func_or()          ← 执行func_or()函数
你喜欢狗吗?  (Y/N)...   ← 屏幕上显示的信息
yes                    ← 显示的结果（当输入Y或y时）。
```

代码 2-4　检查是否输入了 Y 或 y

```
1. def func_or():
2.     a = input('你喜欢狗吗?  (Y/N)... ')  # 显示提示输入信息
3.     if (a == 'Y') or (a == 'y'):         # 当输入Y或y时
4.         print('yes')
5.     else:                                # 如果输入的是其他内容
6.         print('no')
```

第 3 章

用图形描绘方程

你使用过 PowerPoint 吗？在 PowerPoint 中可以用鼠标画出各种形状的图形，比如直线、圆、矩形和多边形等，而且还可以指定直线的长度或斜率，而方程在这个过程中必不可少。

3.1 用 Matplotlib 绘制图形

当我还是学生时，我经常拿着一张纸和一把尺子，用笔沿着纵轴和横轴画线。在Python中，我们可以使用Matplotlib库[1]来轻松地绘制表格和图形。接下来，让我们先看看pyplot[2]的基本用法。

Try Python　　绘制图形

太郎每天早上都会称自己的体重，从不间断。表3-1记录了他一周的体重。代码3-1显示了一个使用这些数据来绘制折线图的程序，图3-1显示了运行该程序的结果。

表3-1　体重记录

星期	1（一）	2（二）	3（三）	4（四）	5（五）	6（六）	7（日）
体重/kg	64.3	63.8	63.6	64	63.5	63.2	63.1

代码 3-1　绘制体重的折线图

```
1. %matplotlib inline
2. import matplotlib.pyplot as plt
3.
4. # 数据
5. x = [1, 2, 3, 4, 5, 6, 7]
6. y = [64.3, 63.8, 63.6, 64.0, 63.5, 63.2, 63.1]    ←①
7.
8. # 绘制图形
9. plt.plot(x, y)         # 绘制折线图          ←②
10. plt.grid(color='0.8') # 显示网格
11. plt.show()            # 开始绘制
```

1　Matplotlib库已经包含在Anaconda中。
2　pyplot是Matplotlib库的子库，定义了绘制图形和点的函数。

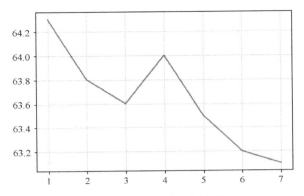

图3-1 代码3-1的执行结果

你可能会惊讶于它是如此简单。让我们仔细看看代码3-1，第一行代码不是Python命令，而是Jupyter Notebook命令。执行后将在程序的同一单元格中绘制图形。

第二行代码是导入matplotlib.pyplot子库。

```
import matplotlib.pyplot as plt
```

这样就可以用别名"plt"来调用子库中的函数，而不用写为"matplotlib.pyplot"。

为了画出一个图形，我们需要坐标值，即①代码部分。想要画出一周的体重，需要把1~7的值分配给x轴，把体重分配给y轴。

```
plt.plot(x, y)
```

上面的语句是一个绘制折线图的命令。plot()函数也有参数选项。比如：

```
plt.plot(x, y, marker='o')
```

绘制出图3-2（a）所示的点。接下来用以下代码指定图形的颜色。

```
plt.plot(x, y, color='red')
```

下一条语句可以在图形上画网格。如果省略它，结果将如图3-2（b）所示。

```
plt.grid(color='0.8')
```

最后，执行plt.show()显示图形。

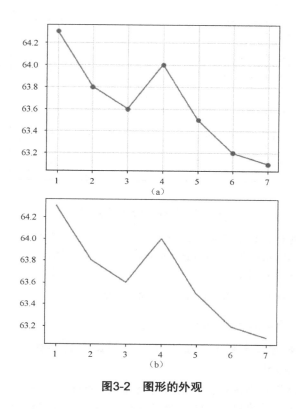

图3-2　图形的外观

当你成功画出一个图形时，不要感到满足。为什么给定x坐标和y坐标，就可以画出连接两点的直线呢？这是接下来我们要讨论的重点。

3.2　从方程到图形

如果有一个坐标(x, y)，可以画一个点。如果再有一个点(x_1, y_1)，可以画一条连接两点的线。如果有3个坐标，就可以画出一条折线，或一个三角形，甚至是一个圆。而方程就是绘制图形时的关键所在。

3.2.1 方程

方程是一个包含未知数的等式。对未知数赋值，可能使这个等式成立，也可能不成立。这个等式很难用语言来描述。例如，如果把30颗糖果分给孩子，每个孩子3颗，还剩下6颗。有多少个孩子呢？用方程可以表示为

$$3x+6=30$$

求这个方程的未知数x的过程，叫作解方程，而求出的x的值叫作方程的解。

还记得如何解方程吗？如果我们把未知数留在方程的左边，可以得到

$$3x=30-6$$

$$3x=24$$

$$x=8$$

所以，结果是"有8个孩子"。解这个方程的关键是简化它。表3-2显示了$A=B$时的等式的基本性质。应用第二个基本性质，则$3x+6=30$可以变成$3x=30-6$，应用第四个基本性质，则由$3x=24$可以得出$x=8$。

表3-2　等式的基本性质（当$A=B$时）

基本性质	说明
$A+C=B+C$	两边加相同的数值，等式仍然成立
$A-C=B-C$	两边减去相同的数值，等式仍然成立
$A×C=B×C$	两边乘以相同的数值，等式仍然成立
$A÷C=B÷C$	两边都除以相同的值，等式仍然成立（但$C≠0$）
$B=A$	交换左右两边，等式仍然成立

表3-3中的运算定律也是经常使用的，所以最好能记住它们。但是，

交换律和结合律只对加法和乘法有效，并不适用于减法和除法。

表3-3　运算定律

定律	公式	说明
交换律	$A+B=B+A$	可以改变加法顺序
	$A×B=B×A$	可以改变乘法顺序
结合律	$(A+B)+C=A+(B+C)$	无论从哪里开始相加，结果都是一样的
	$(A×B)×C=A×(B×C)$	无论从哪里开始做乘法，结果都是一样的
分配律	$(A+B)×C=A×C+B×C$	当有加法（减法）和乘法时，可以把( )打开
	$(A+B)÷C=A÷C+B÷C$	当有加法（减法）和除法时，可以把( )打开

专栏　如何写方程

　　方程，如 $3x^2-7x+3=0$，指包含未知数的等式，比如字母 x 代表一个未知数，其他字母（如 y 或 z）也是常用的。此外，通常还会用到 a、b、c 等字母，如 $ax^2-bx+c=0$。这些字母代表系数或常数，与未知数相乘。请注意，它们与未知数是不同的。

　　方程的写法规则如表3-4所示。在本书中也将遵循这些规则。

表3-4　方程的写法规则

规则	示例
在乘法中可省略 "×"	$7×x→7x$
将数字写在字母之前	$x×7→7x$
同一字母的乘法可以使用指数	$x×x→x^2$
乘法可以按字母顺序排列各项	$b×c×a→abc$
字母前面的1可以省略	$1x→x$
使用除法表示分数	$x÷2→\dfrac{x}{2}$

3.2.2　函数

　　我们为求孩子的人数而建立的方程 $3x+6=30$，整理成右边为0，就

会得到3*x*–24=0，如果我们用*y*替换0，并把两边交换，就会得到

$$y=3x-24$$

如果说这就是函数，好像也不太对。函数是一个表达式，当输入值确定后，就会确定一个单一的输出值。如果把1到10按顺序代入上述公式的*x*，*y*的值如下。

```
>>> y = []                    ← 生成一个空列表
>>> for x in range(1, 11):    ← x 从 1 到 10
...     y.append(3 * x - 24)  ← 计算并将结果添加到列表中
...
>>> y
[-21, -18, -15, -12, -9, -6, -3, 0, 3, 6]  ← 显示的结果
```

我们也来画个图吧。图3-3显示了代码3-2的执行结果。事实上，这个图形与轴线的交点，即*y*=0时的*x*坐标，是方程3*x*+6=30的解。

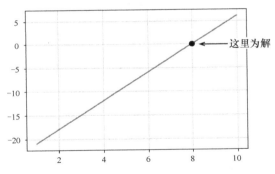

← 这里为解

图3-3　代码3-2的执行结果

代码 3-2　*y* = 3*x*–24 的图形

```
1. %matplotlib inline
2. import matplotlib.pyplot as plt
3.
4. # 数据
5. x = list(range(1,11))    # x的值（1～10）
6. y = []
```

```
 7. for i in range(10):
 8.     y.append(3 * x[i] - 24)    # y = 3x - 24
 9.
10. # 绘制图形
11. plt.plot(x, y)
12. plt.grid(color='0.8')
13. plt.show()
```

在学习数学时，我们可能是在不同年级学习的方程和函数，但两者有相关性。如果只看方程，可能我们只想到如何得到解，但如果用不同的方式——画出图形来看这个函数，甚至可以从图形中找到方程的解。

3.2.3 函数和图形

根据变量的最高次数（指数值），函数可分为一次函数（也称线性函数）、二次函数或三次函数等。图3-4显示了每种函数对应的图形的特点。函数的一般表达式请参考表3-5。

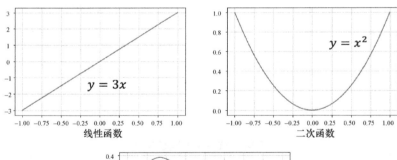

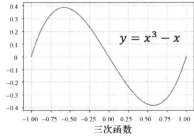

图3-4 由函数绘制的图形

表3-5　函数的一般表达式

函数	表达式
线性函数	$y=ax+b$
二次函数	$y=ax^2+bx+c$
三次函数	$y=ax^3+bx^2+cx+d$

Try Python　**使用表达式来绘制图形**

　　代码3-3显示了一个绘制图3-4所示的线性函数图形的程序，通过修改y的表达式（代码3-3中的②），读者可以尝试绘制二次函数和三次函数的图形。

　　注意在代码3-3中，用NumPy[1]的数组来表示x轴、y轴的值，这比Python的列表更有效。

代码 3-3　$y=3x$ 的图形

```
1. %matplotlib inline
2. import matplotlib.pyplot as plt
3. import numpy as np
4.
5. # 数据
6. x = np.arange(-1.0, 1.01, 0.01)    ← ①
7. y = 3 * x  # 线性函数              ← ②
8.
9. # 绘制图形
10. plt.plot(x, y)
11. plt.grid(color='0.8')
12. plt.show()
```

　　将NumPy导入为np后，①是给x轴赋值的代码。

```
x = np.arange(-1.0, 1.01, 0.01)
```

　　数组x从−1到1以0.01的间隔被填满[2]。

　　②是y轴的值。

1　NumPy是一个用于数值计算的库，Anaconda中默认已导入。

2　请参考"3.3.1 连接两点的直线"，了解将x的区间变小的原因。

```
y=3*x
```

将对数组x的每个元素计算"3*x",并将结果生成数组y。

上述在NumPy数组中用一行代码就可以完成的工作,用Python列表则需要下面3行代码。

```
y = []
for i in range(len(x)):
    y.append(3 * x[i])
```

3.3 线性方程

用鼠标画线时,需要单击起点和终点。计算机通过这种"单击"操作能捕捉到点的坐标(x,y)。而当把起点和终点的两个坐标用一条直线连接起来时,就完成了绘制线性函数图形的过程。

3.3.1 连接两点的直线

线性函数的一般表达式是y=ax+b。a是直线的斜率,表示随着x的变化,y也会产生相应的变化,用y的变化量/x的变化量表示。b是直线在y轴的截距,即直线与y轴交点的y坐标值。

例如,我们假设通过鼠标单击获得的坐标是(1,1)和(5,3)。图3-5显示了在坐标系中它们显示的位置。x

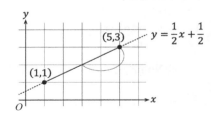

图3-5　连接两点的直线

坐标每增加两格,y坐标增加一格,所以直线的斜率a是 $\frac{1}{2}$,截距b是0.5,

也就是 $\frac{1}{2}$ 。由此可以判断,该直线是线性函数 $y = \frac{1}{2}x + \frac{1}{2}$ 的一部分。

然而，如果先画一条连接两点的直线，再通过图形求方程，顺序就相反了。要通过这两个坐标求$y=ax+b$中的a和b，需将两个坐标$(1,1)$和$(5,3)$分别代入方程，得到如下的方程组。

$$\begin{cases} a+b=1 \\ 5a+b=3 \end{cases}$$

解方程组后得到$a=\dfrac{1}{2}$，$b=\dfrac{1}{2}$，从而得到了直线方程$y=\dfrac{1}{2}x+\dfrac{1}{2}$。解方程组的过程如图3-6所示。

计算1：首先求a

$$a+b=1 \quad \cdots\cdots①$$
$$-)\ 5a+b=3 \quad \cdots\cdots②$$
$$-4a=-2 \quad\longleftarrow ①减去②并消除b（加减法）$$
$$a=\tfrac{1}{2}$$

计算2：从a求b

$$\tfrac{1}{2}+b=1 \quad\longleftarrow 将a代入①（代入法）$$
$$b=\tfrac{1}{2}$$

图3-6　解方程组的过程

当直线方程求解完成后，接下来就该画图了。将1～5分别代入x，求相应的y值，并画一个点［见图3-7（a）］。如果把x的间隔设置得更小，则可以得到一条直线［见图3-7（b）］。图形绘制软件就是用同样的计算方法来画直线的。

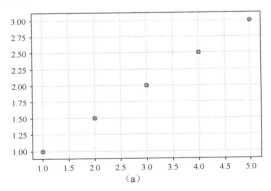

（a）

图3-7　线性方程的图形

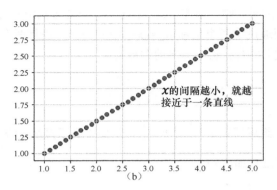

图3-7 线性方程的图形（续）

Try Python **解方程组**

　　如图3-6所示，我们学过用加减法和代入法解方程组，但这种方法由于方程不同，计算方式也不同，因此不适合编程。第5章将介绍用矩阵解方程组，但在Python中，可以用SymPy库[1]中定义的函数来解方程组。让我们来试试。

　　代码3-4是一个解以下方程组的程序。

$$\begin{cases} a+b=1 \\ 5a+b=3 \end{cases}$$

　　结果如下。

```
{a: 1/2, b: 1/2}
```

代码 3-4　解方程组

```
1. from sympy import Symbol, solve
2.
3. # 定义方程
4. a = Symbol('a')          ← ①
5. b = Symbol('b')
6. ex1 = a + b - 1          ← ②
7. ex2 = 5*a + b - 3
8.
```

1　SymPy是一个用于符号计算的库，包含在Anaconda中。

```
9. # 解方程组
10. print(solve((ex1, ex2)))
```

第一行导入解方程组所需的库。SymPy中导入了Symbol类和solve()函数。

①开始的两行定义了方程中使用的变量，②开始的两行定义了方程。确保方程右侧为0。最后，将这两个方程作为一个元组传给solve()函数，就可以求出方程组的解。

3.3.2　两条正交直线

有两个线性方程，$y = a_1 x + b_1$ 和 $y = a_2 x + b_2$。如果 $a_1 = a_2$，这两条直线平行［见图3-8（a）］；如果 $a_1 \times a_2 = -1$，这两条线垂直［见图3-8（b）］。这也是直线的平行和正交条件。

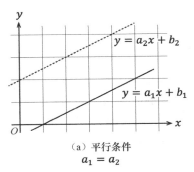

（a）平行条件
$a_1 = a_2$

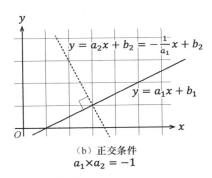

（b）正交条件
$a_1 \times a_2 = -1$

图3-8　直线的平行和正交条件

现在让我们找出一条通过点(1,5)并与图3-9中的虚线（$y = \frac{1}{2}x + \frac{1}{2}$）正交的直线的方程。直线的斜率根据正交条件求出，具体计算如下。

$$\frac{1}{2} \times a = -1$$

$$a = -2$$

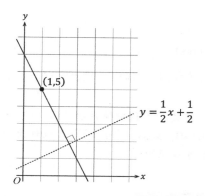

图3-9　通过点(1,5)且与虚线正交的直线

把求出的斜率和点(1,5)代入$y=ax+b$后，得到

$$5= -2×1+b$$

$$b=7$$

也就是说，图3-9中与虚线正交的直线方程是$y= -2x+7$。

Try Python　绘制通过点(1,5)与直线 $y = \dfrac{1}{2}x + \dfrac{1}{2}$ 正交的直线

代码3-5是用于检查两条直线是否正交的程序。代码中直线1用y表示，与这条直线正交的直线是y2。可以使用plot()函数来绘制它，而且Matplotlib可以自动调整刻度线的间距，以使整个图形可以完整绘制。为了确保这两条线是真正的正交，代码3-5使用plt.axis('equal')来等量增加x轴和y轴的刻度。图3-10显示了代码3-5的执行结果。

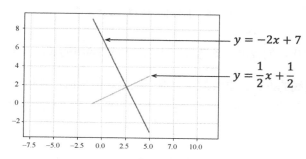

图3-10　代码3-5的执行结果

代码 3-5　$y = \dfrac{1}{2}x + \dfrac{1}{2}$ 和 $y=-2x+7$ 的图形

```
 1. %matplotlib inline
 2. import matplotlib.pyplot as plt
 3. import numpy as np
 4.
 5. x = np.arange(-1, 6)      # x的值
 6. y = 1/2 * x + 1/2         # 直线1
 7. y2 = -2 * x + 7           # 与直线1正交的直线
 8.
 9. # 绘制图形
10. plt.plot(x, y)
11. plt.plot(x, y2)
12. plt.axis('equal')
13. plt.grid(color='0.8')
14. plt.show()
```

3.3.3　两条直线的交点

当两条直线在一个平面上时，它们总会相交于一点，除非它们平行。交点是使两个直线方程同时成立的点，也就是这个方程组的解（见图3-11）。

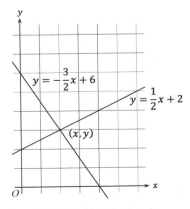

图3-11　两条线的交点

Try Python **找出两条直线的交点**

图3-11中两条直线的方程是

$$\begin{cases} y = -\dfrac{3}{2}x + 6 \\ y = \dfrac{1}{2}x + 2 \end{cases}$$

在图3-11中，由于我们想要的交点就是方程组的解，可以使用 SymPy的solve()函数来求解。

```
>>> from sympy import Symbol, solve
>>> x = Symbol('x')                              ← 字母定义
>>> y = Symbol('y')
>>> ex1 = -3/2*x + 6 - y                         ← 直线1的定义
>>> ex2 = 1/2*x + 2 - y                          ← 直线2的定义
>>> print(solve((ex1, ex2)))                     ← 解方程组
{x: 2.00000000000000, y: 3.00000000000000}       ← 表示结果
```

得出交点的坐标为(2,3)。

3.4 比例式与三角函数

煮1杯米（约150g）时，需要在电饭煲里加200mL的水。那么，如果今天需要煮2.5杯米，需要加多少水呢？当然，用心算就能很快算出来。在这里，我们用比例式来算一下吧。比例式不仅在日常生活中非常有用，而且在用计算机绘制图形时也非常有用。

3.4.1 比例式的性质

比例式的比例指的是两个数的比，如1杯米，需要200mL水，那么比例就为1：200。如果2.5杯米需要的水量是x，那么，用比例表示就是

2.5：x。由于这两个比例是相等的，所以如下等式是成立的。

$$1：200=2.5：x \qquad (3.4.1)$$

如上就是比例式。在使用比例式时，要注意各项的顺序不能错。在这个例子中，顺序是"米：水"。如果把它们中的任何一个按"水：米"的顺序排列，这个比例式就不成立。

比例式具有这样的特性：内项相乘与外项相乘得到的值是相等的。内项指的是内侧的项，外项指的是外侧的项（见图3-12）。

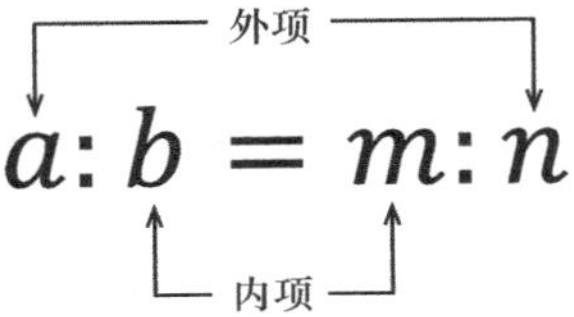

根据这个特性，式（3.4.1）也可以表示如下。

图3-12　内项和外项

$$x=200×2.5$$

$$x=500$$

换句话说，2.5杯米的用水量为500mL。

这两个比例可以用$a：b$来表示，或者用分数形式$\dfrac{a}{b}$来表示。

3.4.2　线段的 $m：n$ 内分点

在数学的世界里，连接两点的线被称为线段，而延伸通过两点的线被称为直线。将线段以$m：n$分成两段的点称为内分点（见图3-13）。

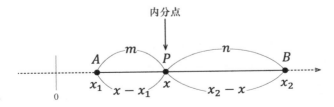

图3-13　将线段AB分为$m：n$的内分点

例如，如果图3-13中把线段AB分为$m：n$的内分点P的值设为x，那么线段AP的长度为$x-x_1$，PB的长度为x_2-x（x_1是线段的起点值，x_2

是线段的终点值）。由于长度比为 $m:n$，得到

$$(x - x_1) : (x_2 - x) = m : n$$

上述比例方程成立，解此方程的 x 的过程如下。

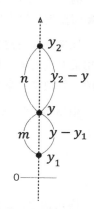

$$x_2 - x)m = (x - x_1)n$$
$$mx_2 - mx = nx - nx_1$$
$$mx + nx = mx_2 + nx_1 \qquad (3.4.2)$$
$$(m + n)x = mx_2 + nx_1$$
$$x = \frac{mx_2 + nx_1}{m + n}$$

如果把图3-13中的直线逆时针旋转90°，就会变成 y 方向的（见图3-14）。使用与起点和终点相同的比例方程，可以通过以下方程得到将这条线段分成两段的点。

$$y = \frac{my_2 + ny_1}{m + n} \qquad (3.4.3)$$

图3-14 将线段AB分为 $m:n$ 的内分点（y方向）

专栏　用方程求线段中点

中点是指可以将线段划分为1：1的点。将1分别代入式（3.4.2）和式（3.4.3）的 m 和 n，会得到

$$x = \frac{x_1 + x_2}{2}$$

$$y = \frac{y_1 + y_2}{2}$$

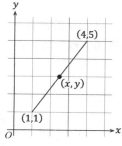

换句话说，起点和终点的 x 坐标和 y 坐标的平均值就是中点的坐标。图3-15所示就是 $\left(\dfrac{1+4}{2}, \dfrac{1+5}{2}\right)$，得到的中点坐标为 $(2.5, 3)$。

图3-15 线段中点

Try Python　线段的垂直平分线

穿过线段的中点并与线段垂直的线称为线段的垂直平分线，又称中

垂线。那么，连接(0,1)和(6,5)两点的线段的垂直平分线（见图3-16）方程是什么呢？

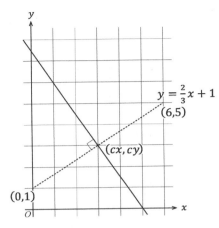

图3-16　垂直平分线

垂直平分线的方程可以通过以下步骤求出。

① 求线段的斜率。

← 参考3.3.1小节。

② 确定线段中点。

←参考本小节的专栏。

③ 求与线段正交的直线的斜率。

← 参考3.3.2小节。

④ 将步骤②中得到的坐标和步骤③中得到的斜率代入直线方程，得到截距。

← 参考3.3.2小节。

代码3-6是绘制与图3-16中的虚线垂直相交的直线的程序，图3-17是该程序的执行结果。

代码 3-6　绘制垂直平分线的程序

```
1. %matplotlib inline
2. import matplotlib.pyplot as plt
```

```
 3. import numpy as np
 4.
 5. # 线段的斜率和截距
 6. a1 = (5-1)/(6-0)
 7. b1 = 1
 8.
 9. # 线段的中点
10. cx = (0 + 6) / 2
11. cy = (1 + 5) / 2
12.
13. # 与线段正交的直线的斜率(a2 = -1/a1)
14. a2 = -1 / a1
15.
16. # 与线段正交的直线的截距(b2 = y - a2*x)
17. b2 = cy - a2*cx
18.
19. # 直线表达式
20. x = np.arange(0, 7)     # x的值
21. y1 = a1*x + b1          # 基线段
22. y2 = a2*x + b2          # 垂直平分线
23.
24. # 绘制
25. plt.plot(x, y1)
26. plt.plot(x, y2)
27. plt.axis('equal')
28. plt.grid(color='0.8')
29. plt.show()
```

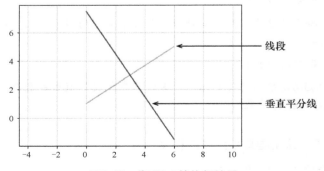

线段

垂直平分线

图3-17 代码3-6的执行结果

3.4.3 三角函数与圆

在一个直角三角形中，直角以外的一个角的大小可以最终决定这个三角形的形状。现在，让我们假设这个角的角度是 θ。即使边长不同，具有相同角度的直角三角形的形状也是相似的（见图3-18）。这种图形被称为相似三角形。

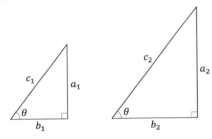

图3-18　相似三角形

在相似三角形中，对应边的比例都是相等的，表达式为

$$a_1 : a_2 = b_1 : b_2 = c_1 : c_2$$

这个比例被称为相似比。另外，像 $a:b$ 这种组成三角形的边的比被称为形状比，其在确定了角度 θ 时自然会被确定。因此，$a:c$、$b:c$、$a:b$ 的形状比就形成了我们现在熟悉的 $\sin\theta$、$\cos\theta$、$\tan\theta$ [1]，也就是三角函数（见图3-19）。因为只要角度和一条边的值确定，那么两边的比就会确定，所以被称为三角函数。

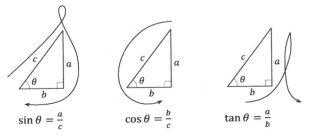

$$\sin\theta = \frac{a}{c} \qquad \cos\theta = \frac{b}{c} \qquad \tan\theta = \frac{a}{b}$$

图3-19　三角函数

1　$\sin$ 为正弦函数，$\cos$ 为余弦函数，$\tan$ 是正切函数。

你知道可以用三角函数来画圆吗？图3-20显示了一个半径为1的圆。如果圆周上的点$P(x,y)$与圆心的连接线和x轴之间的角度为θ，那么，

$$\cos\theta = \frac{x}{1}$$

$$\sin\theta = \frac{y}{1}$$

通过转换这个方程，P点的坐标可以表示为$(\cos\theta,\sin\theta)$。如果定义半径r，圆周上的点P的坐标为$(r\cos\theta,r\sin\theta)$。

在三角函数表中可以分别找到某一角度对应的sin、cos和tan值。表3-6只列出了部分主要数值，图3-21显示了使用这些数值在坐标系中绘制的点。如果把角度设得非常小，就会变成一个圆。

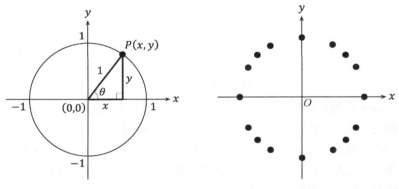

图3-20　三角函数和圆　　　　　图3-21　画出点$(\cos\theta,\sin\theta)$

表3-6　三角函数表（部分）

角度	$\sin\theta$	$\cos\theta$	$\tan\theta$
0°	0	1	0
30°	0.5	0.86603	0.57735
45°	0.70711	0.70711	1
60°	0.86603	0.5	1.73205
90°	1	0	—
120°	0.86603	−0.5	−1.73205

续表

角度	$\sin\theta$	$\cos\theta$	$\tan\theta$
135°	0.70711	−0.70711	−1
150°	0.5	−0.86603	−0.57735
180°	0	−1	—
210°	−0.5	−0.86603	0.57735
225°	−0.70711	−0.70711	1
240°	−0.86603	−0.5	1.73205
270°	−1	0	—
300°	−0.86603	0.5	−1.73205
315°	−0.70711	0.70711	−1
330°	−0.5	0.86603	−0.57735

Try Python　用三角函数画圆

　　许多编程语言都有处理三角函数的模块，在Python中，我们可以使用NumPy库或math模块[1]中的函数，这里我们使用NumPy的sin()和cos()函数。

　　代码3-7显示了绘制一个半径为1的圆的程序，角度为0°～359°。图3-22是代码3-7的执行结果。

代码 3-7　用三角函数画圆

```
1. %matplotlib inline
2. import matplotlib.pyplot as plt
3. import numpy as np
4.
5. # 角度
6. th = np.arange(0, 360)
7.
8. # 圆周上点P的坐标
9. x = np.cos(np.radians(th))      ]←①
10. y = np.sin(np.radians(th))
11.
12. # 绘制
13. plt.plot(x, y)
```

1　这是标准的Python模块之一。它定义了常见的数学函数，如三角函数、平方根计算、指数函数和对数函数等。

```
14. plt.axis('equal')
15. plt.grid(color='0.8')
16. plt.show()
```

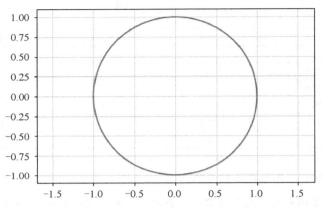

图3-22　代码3-7的执行结果

代码中①是求圆周上点 *P* 坐标的命令，通过给sin()和cos()函数一个角度，可以得到表3-6所示的值。然而，角度必须以弧度为单位，即弧度制的单位。radians()函数是用于弧度转换的，如下面的代码。

```
np.radians(90)
```

将90°转换为弧度值，再把这个值传给sin()和cos()函数。

在代码3-7中绘制的圆心为(0,0)。若圆的圆心为(2,3)，①部分的代码修改如下。

```
x = np.cos(np.radians(th)) + 2
y = np.sin(np.radians(th)) + 3
```

读者也可以尝试用下面的方法画一个半径大于1的圆。

```
r = 5 # 圆的半径
x = r * np.cos(np.radians(th))
y = r * np.sin(np.radians(th) )
```

角度制与弧度制

　　直角是90°，三角形的内角之和是180°，围绕一个点旋转一圈是360°……一般我们用角度制来表达角度，但在计算机世界里，用弧度制来表达角度，也就是用弧长与圆半径的比例来表示角度。如图3-23所示，扇形的弧长与角度的大小成正比。

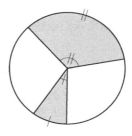

图3-23　扇形的弧长和角度

　　所以，如果半径r是1，周长就是2π。如果扇形的角度是60°，设弧长为x得到

$$360 : 2\pi = 60 : x$$

解此方程后，得到

$$x = \frac{120}{360}\pi = \frac{1}{3}\pi$$

角度制中的60°变成弧度制，表示的弧度为$\frac{1}{3}\pi$。

3.4.4 三角函数和角度

　　假设图3-24所示的直角三角形的直角边边长为a和b。

$$\tan\theta = \frac{a}{b}$$

$$\theta = \arctan\left(\frac{a}{b}\right)$$

arctan表示tan的反函数[1]，被称为"反正切"，用于表示某个角度。

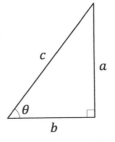

图3-24　角度为θ的直角三角形

　　例如，如果图3-24中边a的长度为$\sqrt{3}$，边b的长度为1，那么

1　将函数$y=f(x)$的自变量和因变量互换得到的$x = f^{-1}(y)$就是其反函数。

$$\tan\theta = \frac{\sqrt{3}}{1} = 1.73205$$

如果我们查找表3-6，会发现对应的角度是60°。

用直角的两条邻边之比求角度

Numpy中也有反三角函数。tan的反函数是arctan2()。我们通过这个函数可以计算出图3-25中的角度θ。

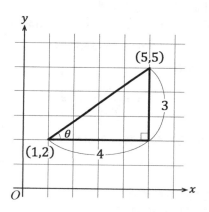

图3-25 从两边的比值求角度

从图3-25来看，x轴方向的三角形边长是4，y轴方向的三角形边长是3。执行arctan2()函数的代码如下。

```
np.arctan2(y, x)
```

需要注意的是，arctan2()函数返回的角度的单位是弧度。为了清楚起见，可以再用degree()函数转换为角度制的角度。

```
>>> rad = np.arctan2(3, 4)    ← 得到的是弧度
>>> th = np.degree(rad)       ← 转换为角度制角度
>>> th
36.86989764584402             ← 显示的结果
```

从计算结果可知，图3-25中的角度θ约为37°。

3.5 勾股定理

直角三角形斜边长度的平方等于其他两条边长度的平方之和。这就是勾股定理，有的地方称为毕达哥拉斯定理。在日常生活中，你可能不会经常使用这个定理，但每当你用鼠标单击两个点并进行连线操作时，就会经常用到它。

3.5.1 圆的方程

图3-26显示了一个以坐标原点O为圆心的半径为r的圆。如果从圆周上的点P画一条垂线到x轴，将得到一个直角三角形。直角三角形的斜边是圆的半径r，如果其他两边分别是x、y，那么勾股定理可以用以下公式表示。

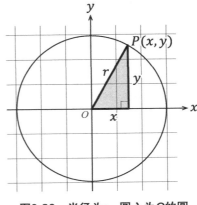

$$x^2 + y^2 = r^2$$

实际上，这是一个以坐标原点为圆心、半径为r的圆的方程。

图3-26　半径为r、圆心为O的圆

Try Python　用方程画半径为r的圆

$x^2 + y^2 = r^2$是不是圆的方程呢？接下来，让我们用这个方程看看是否真能画一个圆。

求解$x^2 + y^2 = r^2$中的y[1]，可以得到

$$y^2 = r^2 - x^2$$

1　这里限定条件为y是正数（$y>0$）。

$$y = \sqrt{r^2 - x^2}$$

可以使用NumPy的sqrt()函数来计算平方根。

代码3-8显示了使用这个公式来绘制一个半径为300的圆的程序。你可能会对这个突然出现的大数值感到惊讶，但这是为了尽可能减小计算中的小数误差[1]而采取的措施[2]。

代码 3-8　绘制一个半径为 300 的圆

```
1. %matplotlib inline
2. import matplotlib.pyplot as plt
3. import numpy as np
4.
5. # 圆的方程
6. r = 300  # 半径
7. x = np.arange(-r, r+1)    # x: -300~300
8. y = np.sqrt(r**2 - x**2)  # y
9.
10. # 绘制
11. plt.plot(x, y)
12. plt.axis('equal')
13. plt.grid(color='0.8')
14. plt.show()
```

图3-27显示了执行结果，是一个半圆。如果把y设为负数，就可以画出剩下的半圆。

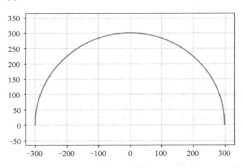

图3-27　代码3-8的执行结果

1　见1.5.4小节和2.1.3小节。
2　对于"想画一个半径为3的圆"的朋友，可以在所有计算完成后和绘图前将x和y乘以0.01。

　　如果圆心不在坐标原点上

看图3-28，这个圆的半径为r，圆心为(a, b)。从圆周上的P点到x方向作垂线，就形成了一个三角形。沿x方向的三角形边长为$x-a$，沿y方向三角形的边长为$y-b$。于是可以得到

$$(x-a)^2 + (y-b)^2 = r^2$$

这是一个半径为r、圆心为(a, b)的圆的方程。

解这个方程，结果如下[1]。

$$y = \sqrt{r^2 - (x-a)^2} + b$$

如果用这个方程画一个图形，会得到上半圆。下半圆将与上半圆关于$y=b$的直线对称（见图3-29）。

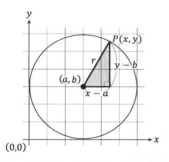

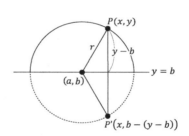

图3-28　半径为r、圆心为（a,b）的圆　　　图3-29　与$y=b$的直线对称

代码3-9显示了绘制一个半径为300、圆心为(200,300)的圆的程序。执行结果如图3-30所示。

代码 3-9　绘制一个半径为 300、圆心为(200,300)的圆

```
1. %matplotlib inline
2. import matplotlib.pyplot as plt
3. import numpy as np
4.
5. # 圆心
6. a = 200
7. b = 300
```

1　这里限定条件为y是正数（$y>0$）。

```
8.
9. # 圆的方程
10. r = 300        # 半径
11. x = np.arange(a-r, a+r+1)              # x的值
12. y = np.sqrt(r**2 - (x-a)**2) + b       # y: 圆的上半部分
13. y2 = -y + 2*b                          # y2: 圆的下半部分
14.
15. # 绘制
16. plt.plot(x, y)
17. plt.plot(x, y2)
18. plt.axis('equal')
19. plt.grid(color='0.8')
20. plt.show()
```

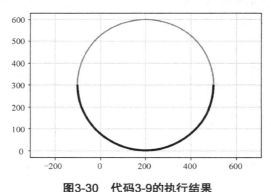

图3-30　代码3-9的执行结果

3.5.2 两点之间的距离

如果我们从两个给定的点（图3-31中的*A*和*B*）分别画一条平行于*x*轴和*y*轴的线，可以得到一个直角三角形。两点间的距离为三角形的斜边长度，根据勾股定理可以得到如下公式。

$$AB = \sqrt{(x_2 - x_1)^2 + (y_2 - y_1)^2}$$

如果你想求出用鼠标单击的两个点之间的距离，可以使用这个公式。例如，单击图3-32中的两个点（分别为企鹅的喙尖和尾尖），它们的坐标分别是(106,42)和(256,209)，那么，这只企鹅从喙尖到尾尖的长度可通过

以下代码计算得到。

```
>>> np.sqrt((256-106)**2 + (209-42)**2)
224.47494292236718
```

大约是224像素。

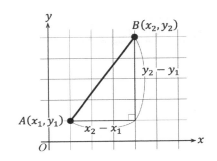

图3-31　使用两点创建一个直角三角形

图3-32　两个点之间的距离

如何凭借照片求实物的实际长度

　　如果你想得到照片中的拍摄对象的实际尺寸，可以把尺子放在拍摄对象旁边一起拍照。如果你做不到，可以把尺子放在拍摄对象的位置，从原来的拍摄位置再拍一张照片。看尺子的1cm区域内有多少像素，然后就可以用比例式来确定物体的实际尺寸。如果1cm太小，你可以用10cm或100cm。例如，如果10cm对应30像素，那么如下比例式成立。

$$10 : 30 = x : 224$$

根据比例式10cm对应30像素，这样我们可以求出企鹅从喙尖到尾尖的长度为75cm。

3.6 常用公式

计算机使用各种方程来绘制图形，测量长度和角度。现在我们运用前面所学的内容，可以画出各种图形，如半径为一定值的圆或通过3点的圆。在本章的最后部分，我们介绍一些需要记住的常用公式。

3.6.1 点到直线的距离

有一条直线和直线外一点，如图3-33所示，在这个点和直线之间可以画任意多的线。其中距离最短的线段就是这个点到直线的垂线段。这条垂线段的长度就是"点到直线的距离"。

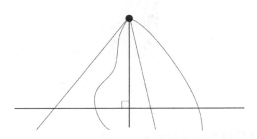

图3-33　点到直线的距离

计算点到直线的距离的步骤如下。

① 求与所给直线正交的直线的方程。

→参考3.3.2小节。

② 找出直线和①中得到的线的交点。

→参考3.3.3小节。

③ 找出给定点和由②得到的交点之间的距离。

→参考3.5.2小节。

按这样的步骤可以求出点到直线的距离，但是使用公式可以更简便地求出此距离。

求点(x_1, y_1)到直线$ax+by+c=0$的距离的公式为

$$\frac{|ax_1 + by_1 + c|}{\sqrt{a^2 + b^2}}$$

为了使用该公式，需要将$y=ax+b$形式改为$ax+by+c=0$形式，这比上述步骤的求解过程更容易。我们用这个公式来尝试求出图3-34所示的点到直线的距离。上述公式中的| |表示绝对值，可以通过math模块中的fabs()函数求出。

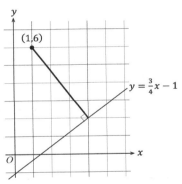

将图3-34中的直线方程改写为$ax+by+c=0$的形式为$\frac{3}{4}x - y - 1 = 0$，去掉分母为$3x-4y-4=0$，即$a=3$，$b=-4$，$c=-4$。将这几个值与点$(1,6)$代入公式，如下所示。

图3-34　求点到直线的距离

```
>>> import math
>>> x = 1
>>> y = 6
>>> a = 3
>>> b = -4
>>> c = -4
>>> math.fabs(a*x + b*y + c) / math.sqrt(a**2 + b**2)
                                    ← 计算点到直线的距离
5.0                                 ← 显示的结果
```

从代码执行结果可知，图3-34中的点$(1,6)$到直线$y = \frac{3}{4}x - 1$的距离是5。

3.6.2 直线围成的区域的面积

在数学课上，我们已经学习了很多求面积的公式，表3-7列出了常用的求面积的公式。

表3-7　常用求面积的公式

图形	公式
三角形	底×高÷2
矩形	长×宽
平行四边形	底×高
梯形	(上底+下底)×高÷2
菱形	对角线×对角线÷2
圆形	半径×半径×圆周率

这些公式中最有用的是求三角形面积的公式。请参照图3-35，想想这是为什么。

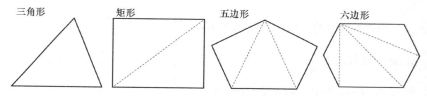

图3-35　三角形和多边形

由图3-35可见，有4个或更多顶点的多边形总是可以被划分为多个三角形。换句话说，可以分别求出每个三角形的面积，然后把它们加起来，从而得到多边形的面积。

但是，要用这个公式求三角形的面积，就需要知道底和高的值。可以通过计算顶点的坐标来得到这些值。例如，如果一个三角形的顶点是A、B、C，那么这个三角形的面积可以通过以下步骤求得（见图3-36）。

① 求第一条边BC（底）的长度。

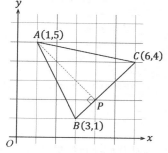

图3-36　求三角形的面积

→参考3.5.2小节。

② 求底边*BC*长度的方程。

→参考3.3.1小节。

③ 求点*A*到底边*BC*的距离（高）。

→参考3.6.1小节。

④ 用三角形面积公式求面积。

使用海伦公式更容易求三角形的面积。假设*a*、*b*、*c*分别代表三角形各边的长度，这些边长的总和除以2为*s*。那么这个三角形的面积*S*就是

$$S = \sqrt{s(s-a)(s-b)(s-c)} \qquad \left(其中,\ s = \frac{a+b+c}{2}\right)$$

假设图3-36中边*AB*长为*a*，*BC*长为*b*，*AC*长为*c*，那么可通过以下代码求出三角形的面积。

```
>>> import math
>>> x = [1, 3, 6]    ← 坐标（A 、B、C的顺序）
>>> y = [5, 1, 4]    ← 坐标（A 、B、C的顺序）
>>> a = math.sqrt((x[1]-x[0])**2 + (y[1]-y[0])**2)  ← 边AB的长度
>>> b = math.sqrt((x[2]-x[1])**2 + (y[2]-y[1])**2)  ← 边BC的长度
>>> c = math.sqrt((x[2]-x[0])**2 + (y[2]-y[0])**2)  ← 边AC的长度
>>> s = (a+b+c) / 2
>>> math.sqrt(s * (s-a) * (s-b) * (s-c))  ← 海伦公式
8.999999999999996                  ← 显示的结果
```

从代码执行结果可知，这个三角形的面积约为9。

专栏　用鼠标画圆

用鼠标画圆的方法有很多，举例如下。

● 指定圆心和圆周上的一个点。

● 指定正方形的对角线上的两个点。

● 指定圆周上的3个点。

诸如此类。但无论如何，只要知道圆心的坐标(a,b)和半径r，就可以用如下圆的方程来画一个圆[1]。

$$(x-a)^2 + (y-b)^2 = r^2$$

下面，我们将介绍用多种方法画圆的步骤。读者如果有兴趣，请尝试编写程序。

指定圆心和圆周上的一点来画圆（见图3-37）的步骤如下。

① 求两点之间的距离（半径）。

→参考3.5.2小节。

② 画一个圆，以第一点为圆心，半径为①中求出的数值。

→参照3.5.1小节。

指定正方形一条对角线上的两个对顶点来画圆（见图3-38）的步骤如下。

① 找到两个给定点的中点（圆心）。

→参考3.4.2小节。

② 求①得到的点与通过第二点平行于y轴的直线之间的距离（半径）。

③ 以①得到的点为圆心，②得到的值为半径，画一个圆。

→参考3.5.1小节。

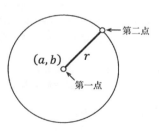

图3-37　指定圆心和圆周上的
一点画圆

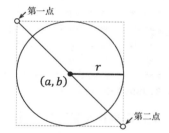

图3-38　指定正方形的
两个对顶点画圆

指定圆周上的3个点来画圆（见图3-39）的步骤如下。

通过给定3个点的圆是连接这3个点的三角形的外接圆。这个三角形每条边的垂直平分线总是相交于一点[2]，而这个交点就是圆心。

1　见3.5.1小节。

2　这个点被称为三角形的外心。

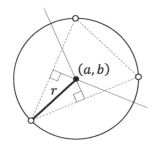

图3-39　指定圆周上3个点画圆

① 从给定的3个点得出三角形每条边的方程。

→参考3.3.1小节。

② 求每条边的垂直平分线的方程。

→参考3.4.2小节。

③ 找到垂直平分线的交点（圆心）。

→参考3.3.3小节。

④ 求③中得到的交点与给定的一个点之间的距离（半径）。

→参考3.5.2小节。

⑤ 以③得到的点为圆心，以④得到的值为半径，画一个圆。

→参考3.5.1小节。

第 4 章

向量

你有没有在计算机或智能手机上玩过游戏？例如，如果手指在智能手机的屏幕上移动，一个球就会朝着你手指移动的方向飞去。球击中了一些东西后会被反弹。即使你以前从未真正玩过这个游戏，也能想象出来。向量在计算机和智能手机实现这些功能方面发挥了重要作用。

4.1 向量的计算

向量是指具有方向和大小的量。如果你还是不知道什么是向量，可以想想电视上的天气预报。播天气预报时经常会出现一张上面有绿色或红色箭头的图，主持人经常会说北风或东风稍强。你认为这些箭头代表了什么呢？答案是"风的方向"和"风的强度"。

4.1.1 向量与箭头

箭头是一个非常有意思的形状，它可以代表方向和大小，是表示向量的一种很好的方法。在数学世界里，如图4-1所示，箭头的指向表示方向，其长度表示大小。

图4-1中的两个箭头显然是不同的向量，因为它们有不同的方向和大小。如图4-2所示，你认为这两个向量是相同的吗？还是不同的？

图4-1　用箭头表示向量　　　图4-2　方向和大小相同的向量

答案是"这两个向量是相同的"。向量是具有"方向"和"大小"含义的量，换句话说，在处理向量时，方向和大小很重要，而位置可以是任何地方。这一点非常重要，请牢记。

4.1.2 向量的组成

箭头可以画在任何地方，是一个非常简单易用的图形。但是，箭头的意义难以解释，更重要的是，它无法用数学方程来表达。因此，在数学中，我们在字母上面画一个小的 →，如 $\vec{a}$ 来表示向量［见图4-3（a）］[1]。如图4-3（b）所示，我们也可以用箭头的起点（图4-3中的 A 点）和终点（图4-3中的 B 点）的名称 $\overrightarrow{AB}$ 来表示向量，在这种情况下，请记住，字母上方的箭头表示向量的方向。因此，图4-3中右边的向量 $\overrightarrow{AB}$ 不能写成 $\overrightarrow{BA}$。

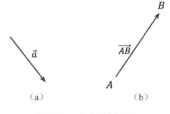

图4-3　向量的写法

　　那么，你认为方程中的 $\overrightarrow{AB}$ 是什么值？图4-4显示了图4-3中的向量在坐标系中的样子。参看这张图请思考一下。

　　向量 $\overrightarrow{AB}$ 的起点是(4,2)，终点是(6,5)，所以这两个坐标就是向量的值，对吗？这是错误的。回顾一下。我们讲过向量的方向和大小很重要，而位置可以是任何地方[2]。同一个向量 $\overrightarrow{AB}$ 可以画在坐标系的不同位置，但如果向量的值是(4,2)或(6,5)，会让表述变得复杂。

　　那么，图4-5如何呢？向量 $\overrightarrow{AB}$ 的起点被平移至坐标原点。既然向量的位置可以在任何地方，那么，$\overrightarrow{AB}$ 和 $\overrightarrow{OC}$ 就是同一个向量，不是吗？$\overrightarrow{OC}$ 是一个以坐标原点为起点的向量，也被称为位置向量。

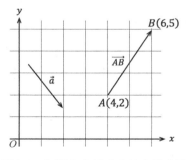

图4-4　向量在坐标系上的表示方法

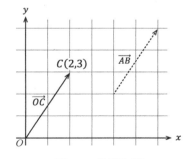

图4-5　位置向量

　　现在，如果我们把向量的起点移到坐标原点，$\overrightarrow{OC}$ 使用终点坐标(2,

1　向量 $\vec{a}$ 形式一般称为手写体，在出版物中更常用的形式是黑斜体字母，如 **a**。
2　见4.1.1小节。

3），那么，它可以表示为

$$\overrightarrow{OC} = (2,3)$$

这被称为向量的坐标表示，x的值被称为"x坐标"，y的值被称为"y坐标"。也可以把"x坐标"和"y坐标"垂直并排用行列式表示。

$$\overrightarrow{OC} = \begin{pmatrix} 2 \\ 3 \end{pmatrix}$$

在本书中，为了便于阅读，我们将使用(2,3)的形式，在数学公式中使用 $\begin{pmatrix} 2 \\ 3 \end{pmatrix}$ 的形式来表示。

专栏　求向量的坐标

在这一小节中，我们从图4-5中知道了向量的坐标表示方法。使用向量的起点A坐标(x_1,y_1)和终点B坐标(x_2,y_2)可以表示如下。

$$\overrightarrow{AB} = \begin{pmatrix} x_2 - x_1 \\ y_2 - y_1 \end{pmatrix}$$

例如，图4-4中的向量 $\overrightarrow{AB}$ 的坐标通过 $\begin{pmatrix} 6-4 \\ 5-2 \end{pmatrix}$ 的计算后结果为 $\begin{pmatrix} 2 \\ 3 \end{pmatrix}$。

4.1.3 向量的方向

观察用坐标表示的向量的坐标值符号就可以知道它在坐标系中的大致方向。图4-6显示了大小相同但方向不同的几个向量。当x坐标值为正时，向量方向是由左至右；当x坐标值为负时，向量方向是由右至左。另外，当y坐标值为正时，向量是向上的；当y坐标值为负时，向量是向下的。

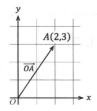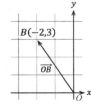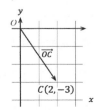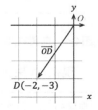

图4-6　向量方向和符号

那么，向量的角度是什么呢？图4-7显示了从向量的终点到x轴的垂线段。这是否让你想起了什么？

由于我们知道向量的x坐标和y坐标，可以用tan的反函数arctan表示x轴和向量之间的角度[1]。

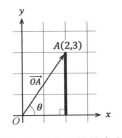

图4-7　从向量的终点向
x轴作垂线段

$$\theta = \arctan\left(\frac{y}{x}\right)$$

Try Python　求向量的方向

tan的反函数可以使用math模块中的atan2()函数[2]。参数是向量的"y坐标"和"x坐标"，按顺序排列。请注意，atan2()函数返回的角度是弧度制的度数。我们可以使用degrees()函数来转换为角度制的度数。

例如，对于图4-7中的向量，我们可以使用下面的代码求方向。

```
>>> import math
>>> rad = math.atan2(3, 2)    ← 求弧度
>>> th = math.degree(rad)    ← 转换为角度制的度数
>>> th
56.309932474020215    ← 显示的结果
```

所以，这个向量的方向约为56°。

向量的方向对于x轴的正方向来说是0°，对于向上的向量来说是逆时针0°～180°，而对于向下的向量来说是0°～-180°（见图4-8）。

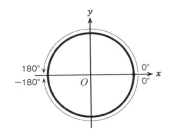

图4-8　向量方向和角度

1　见3.4.4小节。

2　NumPy的arctan2()函数也可以用同样的方法计算出角度。请参考3.4.4小节。

4.1.4 向量的大小

接下来，我们看一下向量的大小，这可以通过勾股定理求出。例如，图4-9中的向量 $\overrightarrow{OA}$ 的 x 坐标为2，y 坐标为3，如下方程式成立。

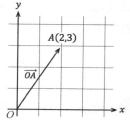

$$|\overrightarrow{OA}| = \sqrt{2^2 + 3^2}$$

所以，该向量的大小为 $\sqrt{13}$。

现在，当你看到这个方程时，是否注意到了什么？等式的左边已经变成了 $|\overrightarrow{OA}|$，而不是 $\overrightarrow{OA}$。当向量被写成 $|\overrightarrow{OA}|$ 时，表示该向量的大小。注意等式右边的值。向量的大小并

图4-9 终点为(2,3)的向量

不是一个向量，而是一个普通的数值。一个只有大小的量被称为标量。

专栏　单位向量

通过使用以下公式，我们可以创建一个方向与 $\overrightarrow{AB}$ 相同、大小为1的向量。这也被称为单位向量，表示为（见图4-10）

$$\vec{e} = \frac{\overrightarrow{AB}}{|\overrightarrow{AB}|}$$

单位向量指大小为1的向量。单位向量具有确定的方向，但方向不受限制。换句话说，空间里有无数的单位向量。

图4-10 单位向量

4.1.5 向量的运算

你将从当前位置向东移动300m，向北移动400m。那么，从当前位置看，你的目的地在哪里？"向东300m"和"向北400m"是有方向和大小的向量。如果你按图4-11画一个箭头，那么，将得到一个以当前位置为起

点、目的地为终点的向量。这就是向量的加法。

从这个例子你可以看到，有方向和大小的向量可以进行加减运算。此外，向量乘以一个实数，只可以改变大小而不改变方向。这些操作是在向量的坐标之间进行的。下面详细讲解一下。

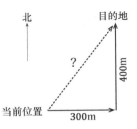

图4-11　从当前位置到目的地的向量

加法

向量的加法如图4-12所示。移动 $\vec{b}$ 的起点到 $\vec{a}$ 的终点，以 $\vec{a}$ 的起点为起点、$\vec{b}$ 的终点为终点的向量 $\vec{c}$ 就是 $\vec{a}+\vec{b}$ 的结果。

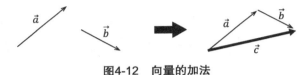

图4-12　向量的加法

由于向量的方向和大小很重要，而它的位置则无关紧要，如图4-13（a）所示，我们也可以将向量 $\vec{b}$ 的终点移到向量 $\vec{a}$ 的起点。用方程表示为 $\vec{a}+\vec{b}=\vec{b}+\vec{a}$。也就是说，交换律[1]成立。如果把两个向量的起点重叠，则由两个向量形成的平行四边形的对角线为 $\vec{a}+\vec{b}$ 的结果［见图4-13（b）］。

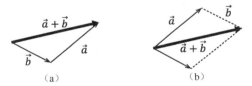

（a） （b）

图4-13　向量的加法

如果我们用坐标表示向量，可以得到以下公式。

当 $\vec{a}=\begin{pmatrix}a_1\\a_2\end{pmatrix}$、$\vec{b}=\begin{pmatrix}b_1\\b_2\end{pmatrix}$，时

$$\vec{a}+\vec{b}=\begin{pmatrix}a_1\\a_2\end{pmatrix}+\begin{pmatrix}b_1\\b_2\end{pmatrix}=\begin{pmatrix}a_1+b_1\\a_2+b_2\end{pmatrix}$$

1　见3.2.1小节。

减法

如果我们将 $\vec{b}$ 的符号反转，就会得到一个大小相同但方向相反的向量（见图4-14）。

利用这一点，我们可以把向量的减法变换为加法。图4-15的①所示，表示 $\vec{a}+(-\vec{b})$，也就是 $\vec{a}-\vec{b}$ 。

图4-15的②显示了在不改变方向的情况下将向量 $\vec{a}$ 和 $\vec{b}$ 的起点重叠。在这种情况下，从要减去的向量的终点到被减去的向量的终点的向量就是 $\vec{a}-\vec{b}$ 的结果。

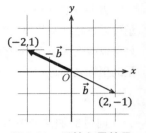

图4-14　反转向量符号

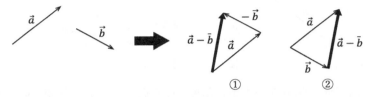

图4-15　向量的减法

通过计算坐标来理解向量的减法可能比看图更容易懂。该公式如下。

$$当\ \vec{a}=\begin{pmatrix}a_1\\a_2\end{pmatrix}、\ \vec{b}=\begin{pmatrix}b_1\\b_2\end{pmatrix}，\ 时$$

$$\vec{a}-\vec{b}=\begin{pmatrix}a_1\\a_2\end{pmatrix}-\begin{pmatrix}b_1\\b_2\end{pmatrix}=\begin{pmatrix}a_1-b_1\\a_2-b_2\end{pmatrix}$$

数乘

图4-16所示的向量，大小改变了而方向没有改变，可以用如下公式表示，其中 k 为任意实数。

$$当\ \vec{a}=\begin{pmatrix}a_1\\a_2\end{pmatrix}时$$

$$\vec{b}=k\vec{a}=\begin{pmatrix}ka_1\\ka_2\end{pmatrix}$$

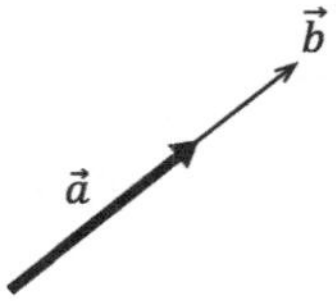

图4-16　向量的数乘

Try Python　　在Python中进行向量运算

在图4-17中，$\vec{a}$ 的坐标是(2,2)，$\vec{b}$ 的坐标为(2,−1)，下面我们对这两个向量进行一些运算。

我们使用NumPy的数组来进行向量运算。由于这个数组定义了元素之间的操作，所以，可以用普通加减法进行向量运算。图4-17所示可用来确认计算结果是否正确。

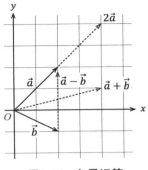

图4-17　向量运算

```
>>> import numpy as np
>>> a = np.array([2, 2])    ← a 的坐标
>>> b = np.array([2, -1])   ← b 的坐标
>>> a + b                   ← a + b
array([4,1])                ← 显示的结果
>>> a - b                   ← a − b
array([0,3])                ← 显示的结果
>>> 2 * a                   ← 2a
array([4,4])                ← 显示的结果
```

专栏　零向量

箭头的起点和终点相同，即大小为0的向量，称为零向量，表示为 $\vec{0}$。你可能会想，有这样的向量吗？其实它也可以表示如下。

$$\vec{a} + (-\vec{a}) = \vec{0}$$

4.1.6　向量的分解

在上一小节中，我们提到"由两个向量组成的平行四边形的对角线为 $\vec{a} + \vec{b}$ 的结果"，反过来说，这也意味着一个向量可以被分解成两个向量。

正如在图4-18中看到的，当只给出一个向量时（图4-18中的 $\vec{a} + \vec{b}$），你可以以这个向量为对角线创建许多平行四边形。无论如何分解，这个向量都是没有错的。以任何方式分解向量都没有错，但是在分解向量时，应该考虑如何使用分解后的向量。

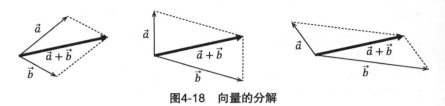

图4-18　向量的分解

例如，我们从过去的经验中知道，抛出的球是沿着图4-19所示的轨迹飞行的。如果我们知道球被抛向哪个方向，用多大的力，就可以计算出这个抛物线。"哪个方向，用多大的力"——这里向量又出现了，不是吗？在物理学中，这被称为"初速度"。

这里不做详细介绍，但为了计算球的运动轨迹，我们需要水平速度和垂直速度[1]。这种情况就需要用到向量分解。

图4-20显示了从代表初速度的向量的终点到x轴和y轴上各绘制一条垂线段。该向量分解为水平向量（$\vec{b}$）和垂直向量（$\vec{a}$）。现在我们可以根据匀速运动和匀加速运动的公式，通过计算球在连续的相同时间间隔内的运动量来模拟轨迹。如果你对此感兴趣，请参考物理学的相关书籍。

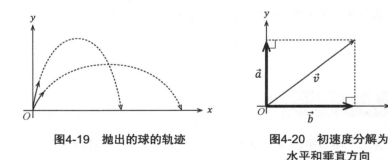

图4-19　抛出的球的轨迹　　　　图4-20　初速度分解为
　　　　　　　　　　　　　　　　　　　水平和垂直方向

1　球在水平方向上以匀速运动，在垂直方向上以恒定加速度运动。

4.2　向量方程

向量方程可用向量来表示图形。需要注意的是，向量方程并不是我们在第3章看到的用来求解未知数的方程。

4.2.1　直线的表示方法

在第3章中我们提到，如果有两个点，就可以画出一条直线。但如果加入向量的概念后，画一条直线只需要：直线的方向和直线上的一个点。如图4-21所示，确实没有其他的线可以通过点A并平行于$\vec{v}$。

如图4-22所示，我们在直线上取一个点P，$\overrightarrow{AP}$ 与 $\vec{v}$ 方向相同但大小不同，可以用 $\overrightarrow{AP}=k\vec{v}$ 表示。另外，如果从原点到点A和到点P的向量分别为 $\vec{a}$、$\vec{p}$，那么

$$\vec{p}=\vec{a}+k\vec{v}\quad（k为任意实数）$$

这就是代表直线的向量方程。

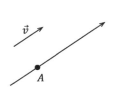

图4-21　通过点A且与 $\vec{v}$ 平行的直线

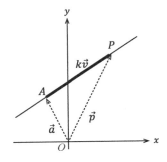

图4-22　通过点A、P的直线

你应该还记得在第3章中，代表一条直线的方程是y=ax+b，但如果现在告诉你代表一条直线的方程是 $\vec{p}=\vec{a}+k\vec{v}$，你可能会感到很茫然。通过代入具体数值，可以看到向量方程确实代表了图4-23中的直线。

当用向量来表示一条直线时，所需要的只是直线上的一个点（A）和直线的方向（$\vec{v}$）。从图4-23来看，这条直线的方向（$\vec{v}$）是[1]

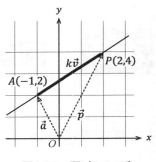

$$\begin{pmatrix} 2-(-1) \\ 4-2 \end{pmatrix}$$

也就是$(3,2)$[2]。将这个值和朝向点A的向量$\vec{a}$的坐标$(-1,2)$代入向量方程，点P的坐标(x,y)为

图4-23 通过$(-1,2)$和$(2,4)$的直线

$$\begin{pmatrix} x \\ y \end{pmatrix} = \begin{pmatrix} -1 \\ 2 \end{pmatrix} + k \begin{pmatrix} 3 \\ 2 \end{pmatrix} \tag{4.2.1}$$

我们对这个方程的y进行求解，可把它看作我们熟悉的方程$y=ax+b$来解。将式（4.2.1）改写为如下形式。

$$x = -1+3k \tag{4.2.2}$$

$$y = 2+2k \tag{4.2.3}$$

为了消除k，把式（4.2.2）的两边都乘以2，式（4.2.3）的两边都乘以3。

$$2x = -2+6k \tag{4.2.4}$$

$$3y = 6+6k \tag{4.2.5}$$

用式（4.2.4）减去式（4.2.5），我们可以得到

$$2x-3y = -8$$

解y可以得到

$$y = \frac{2}{3}x + \frac{8}{3}$$

这样就变成了$y=ax+b$形式。

---

1 见4.1.2小节。

2 在由x轴和y轴表示的平面坐标系中，一条直线的方向和斜率可以认为是相同的。

Try Python　　**连接两点的直线方程**

看图4-23，你可能会想："直线的斜率没错，但截距呢？"为了证实，让我们从两点的坐标中找出直线的方程。

将点A的坐标$(-1,2)$和点P的坐标$(2,4)$代入$y=ax+b$后可以得到如下方程组。

$$\begin{cases} 2 = -a + b \\ 4 = 2a + b \end{cases}$$

下面使用SymPy的solve()函数来解这个方程。

```
>>> from sympy import Symbol, solve
>>> a = Symbol('a')        ← 字母的定义
>>> b = Symbol('b')
>>> ex1 = -1*a + b - 2     ← 表达式的定义
>>> ex2 = 2*a + b - 4
>>> solve((ex1, ex2) )     ← 解方程组
{a: 2/3, b: 8/3}           ← 显示的结果
```

从结果可知，直线的斜率和截距与从向量方程中得到的结果相同。

4.2.2　两条直线的交点

在第3章中，我们通过两条直线的方程组来计算交点的坐标。如图4-24所示，如何找到鼠标单击的点所形成的两条直线的交点呢？

① 找出每条线的方程。

② 通过解方程组来求交点坐标。

按上面的步骤当然可以求出。这里我们介绍如何使用向量方程来求解。

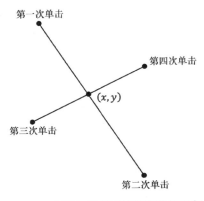

图4-24　用鼠标绘制的两条直线的交点

如图4-25所示，直线上的点分别为A、B、C、D，可以用向量方程表示两条直线的交点P。

$$\overrightarrow{OP} = \overrightarrow{OA} + k\overrightarrow{AB} \quad （k是实数）$$

$$\overrightarrow{OP} = \overrightarrow{OC} + t\overrightarrow{CD} \quad （t是实数）$$

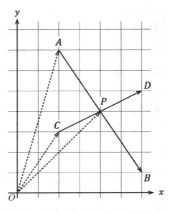

请注意，两条直线的斜率不同，所以我们对它们使用不同的变量k和t。由于点P位于两条直线上，所以如下等式成立。

$$\overrightarrow{OA} + k\overrightarrow{AB} = \overrightarrow{OC} + t\overrightarrow{CD} \quad （4.2.1）$$

解这个方程，可以得到交点P的坐标。

图4-25　用向量方程求两条直线的交点

现在，让我们用具体数值检验一下这个方程。当4个给定点的坐标分别为$A(2,7)$、$B(6,1)$、$C(2,3)$和$D(6,5)$时，将这些值代入式（4.2.1）得到

$$\begin{pmatrix} 2 \\ 7 \end{pmatrix} + k\begin{pmatrix} 6-2 \\ 1-7 \end{pmatrix} = \begin{pmatrix} 2 \\ 3 \end{pmatrix} + t\begin{pmatrix} 6-2 \\ 5-3 \end{pmatrix}$$

$$\begin{pmatrix} 2+4k \\ 7-6k \end{pmatrix} = \begin{pmatrix} 2+4t \\ 3+2t \end{pmatrix}$$

这个方程被重新整理后可以得到方程组：

$$\begin{cases} 4k - 4t = 0 \\ -6k - 2t + 4 = 0 \end{cases}$$

通过以下代码解该方程组。

```
>>> from sympy import Symbol, solve
>>> k = Symbol('k')          ← 字母的定义
>>> t = Symbol('t')
>>> ex1 = 4*k - 4*t          ← 等式的定义
>>> ex2 = -6*k -2*t + 4
>>> solve((ex1, ex2))     ← 解方程组
{k: 1/2, t: 1/2}             ← 显示的结果
```

把得到的 k 值代入 $\vec{OA}+k\vec{AB}$ 可以得到

$$\begin{pmatrix}2\\7\end{pmatrix}+\frac{1}{2}\begin{pmatrix}6-2\\1-7\end{pmatrix}=\begin{pmatrix}2+2\\7-3\end{pmatrix}=\begin{pmatrix}4\\4\end{pmatrix}$$

最后得出交点 P 的坐标是 $(4,4)$。

4.2.3 使用向量的理由

为什么要通过向量方程求两条直线的交点呢？如果可以解方程组并将解代入向量方程，为什么还需要使用向量？事实上，根据给定的坐标列出一个直线方程，求解方程可能会更直观，更容易理解。然而，这只是基于由 x 轴和 y 轴组成的平面坐标系。如果再加一个轴变成三维空间坐标系，直线的方程就多了一个未知数，变为 $ax+by+cz+d=0$，这样计算变得更加复杂。

如果我们使用向量，只需要增加一个坐标：

$$\vec{v}=\begin{pmatrix}x\\y\\z\end{pmatrix}$$

在空间中的向量方程仍然是

$$\vec{p}=\vec{a}+k\vec{v}\quad(\text{其中}k\text{是实数})$$

使用向量的主要原因就是，无论是二维平面还是三维空间，都可以用同样的方法来计算。

专栏　向量与空间图形

图 4-26 显示了一个称为右手坐标系（又称右手系）的坐标系。从左到右的 x 轴，从下到上的 y 轴，再加上从后到前的 z 轴就可以表示三维空间。

平面内的向量用 x 坐标和 y 坐标表示，例如 $(6,1)$，而三维空间中的向量需加上 z 坐标来表示。

$$\overrightarrow{OP} = (3,4,2) \text{ 或者 } \overrightarrow{OP} = \begin{pmatrix} 3 \\ 4 \\ 2 \end{pmatrix}$$

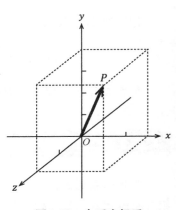

图4-26　右手坐标系

在本书中，我们将重点讨论二维向量，而三维和四维向量的运算方法与二维向量是相同的。例如，三维向量的加法需要加上z坐标计算。

$$\vec{a} = \begin{pmatrix} a_1 \\ a_2 \\ a_3 \end{pmatrix} \text{、} \vec{b} = \begin{pmatrix} b_1 \\ b_2 \\ b_3 \end{pmatrix}$$

$$\vec{a} + \vec{b} = \begin{pmatrix} a_1 \\ a_2 \\ a_3 \end{pmatrix} + \begin{pmatrix} b_1 \\ b_2 \\ b_3 \end{pmatrix} = \begin{pmatrix} a_1 + b_1 \\ a_2 + b_2 \\ a_3 + b_3 \end{pmatrix}$$

另外，当$\vec{v} = (x,y,z)$时，向量的大小可以通过如下公式求出。

$$|\vec{v}| = \sqrt{x^2 + y^2 + z^2}$$

4.3　向量的内积

到目前为止，我们已经看到向量的最大特点是，用箭头[1]表示时，可以作为图形处理；而当以坐标[2]表示时，可以用公式处理。从本节开始，我们将介绍向量在CG（计算机动画）和游戏领域的应用。本节的内容可能有点复杂，请读者认真阅读。

4.3.1 计算贡献度

"如果团队成员的劲往一个方向使，我们就一定能成功！""因为大

1　有时被称为"几何向量"。

2　这里指"位置向量"。

家没有劲往一处使，所以失败了。"……在日常生活中，我们经常使用这种类似向量的表达。虽然这些都是抽象的表达，但我们可以在某种程度上理解其含义。

接下来我们具体说一下。如图4-27所示，当花子向A方向以10N的力拉动盒子时，如果太郎同时向B方向以10N的力拉动，你认为会发生什么呢？

如果太郎也在A方向拉动，他的力将100%地加给花子，但在B方向就不是这样了。换句话说，力指向了不同的方向，如图4-27所示。

我们把力看作向量，由太郎的向量到花子的向量画一条垂线段，会得到一个直角三角形。这个直角三角形的底边（F）是太郎对花子所贡献的力（见图4-28）。

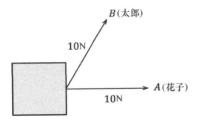

图4-27　向不同方向拉动

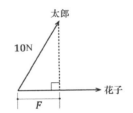

图4-28　太郎对花子贡献的力

让我们试着改变太郎的向量方向。太郎的向量方向与花子的向量方向越接近，直角三角形的底边就越长［见图4-29（a）］。也就是说，太郎的力正在为花子的力做出贡献。相反，离花子的向量越远，底边就越短［见图4-29（b）］，超过90°后就会出现与花子向量方向相反的底边［见图4-29（c）］。这意味着是在妨碍花子，而不是帮助她。

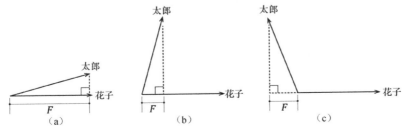

图4-29　改变太郎的向量方向

那么，太郎对花子的贡献有多大呢？为了找到答案，让我们准备一个半径为1的圆[1]，如图4-30所示。把花子的向量方向当作x轴的正方向，以太郎的向量作为斜边（该向量的起点为圆心），从圆周上的太郎向量终点处向x轴画一条直线，你会发现圆内有一个直角三角形[见图4-30（b）]，它与图4-30（a）中的直角三角形相似。这个直角三角形的斜边与底边的比用$1：\cos\theta$表示[2]，所以如果太郎的向量是$\vec{a}$，那么，如下比例式成立。

$$|\vec{a}| : F = 1 : \cos\theta$$

比例式左边表示向量的大小[3]。如果我们根据比例式的性质[4]来变换一下比例式，可以求出图4-30（a）所示的直角三角形的底F。

$$F = |\vec{a}|\cos\theta$$

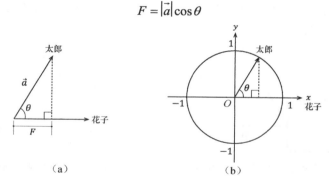

图4-30　计算太郎的贡献

Try Python　求太郎的贡献度

如果太郎的向量和花子的向量之间的角度是60°，太郎的力是10N。

```
>>> import math
>>> 10 * math.cos(math.radians(60))
5.000000000000001
```

其结果是5。尽管太郎施加的力是10N，但他对花子的贡献是5N，也就是所施加力的一半。

1　半径为1的圆被称为"单位圆"。

2　见3.4.3小节。

3　见4.1.4小节。

4　见3.4.1小节。

4.3.2 计算功的大小

现在想象一个场景，如图4-31所示，一个人拉着一个箱子，当箱子在10N的力的拉动下向拉动的方向移动了3m，在物理中的描述是做了30J的功。计算方法是"力的大小×移动距离"。而且，力的方向和移动的方向必须一致。

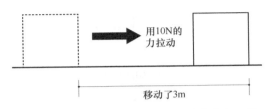

图4-31　箱子被拉动的方向和移动的方向一致

那么，图4-32如何呢？当像拉动拉杆箱一样在斜上方用10N的力拉动箱子时，这个力对水平方向的移动并没有起100%的作用，那它的作用有多大呢？这与上一小节中描述的太郎的贡献相同，所以它是5N（10×cos60°）。因此，在图4-32所示的情况下，他用5N的力移动了箱子3m，这意味着他做了15J的功。

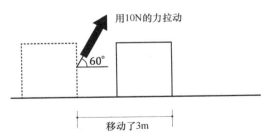

图4-32　箱子被拉动的方向与它移动的方向不同

4.3.3 向量的内积

上一小节中描述的用"力的大小×移动距离"来计算功的大小的方

法，在数学上被称为向量的内积，用点（·）来表示，内积公式如下。

$$\vec{a} \cdot \vec{b} = |\vec{a}||\vec{b}|\cos\theta \qquad (4.3.1)$$

如果不明白等号右边是什么意思，请看图4-33。$|\vec{a}|\cos\theta$ 是沿着 $\vec{a}$ 方向拉动盒子时，水平方向上的作用力F，$|\vec{b}|$ 是箱子在水平方向上移动的距离。

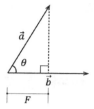

图4-33　功是力的大小×移动距离

如果已知向量的坐标，可以按以下方法计算。

$$\vec{a} = \begin{pmatrix} a_1 \\ a_2 \end{pmatrix} 、 \quad \vec{b} = \begin{pmatrix} b_1 \\ b_2 \end{pmatrix}$$

$$\vec{a} \cdot \vec{b} = a_1 b_1 + a_2 b_2 \qquad (4.3.2)$$

你可能很难想象这是在计算什么，但请记住以下关于内积的3点内容。

第一点是，内积的结果不是一个向量，而是一个标量（数值）。"力的大小×移动距离"的结果是数值，称为功。其他两点将在接下来的两小节中解释。

4.3.4　两条直线的夹角

正如上一小节中提到的，有两种方法来计算内积：使用大小和角度计算［式（4.3.1）］，以及使用坐标计算［式（4.3.2）］。由于两个方程相等，所以

$$|\vec{a}||\vec{b}|\cos\theta = a_1 b_1 + a_2 b_2$$

整理后可得

$$\cos\theta = \frac{a_1 b_1 + a_2 b_2}{|\vec{a}||\vec{b}|} \qquad (4.3.3)$$

也就是说，可以通过内积求出两个向量之间的夹角。这是要大家记住的关于向量内积的第二点。例如，图4-34显示了通过鼠标单击的两个点绘制的两条线。如果把每条线看作一个向量，可以通过内积找到两条线所形成的夹角。当看到这个等式时，你可能会觉得有点复杂，让我们具体看一下计算方法。

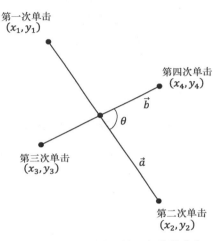

图4-34　用鼠标绘制的两条线的夹角

如果从第一点到第二点的向量为 $\vec{a}$，从第三点到第四点的向量为 $\vec{b}$，两向量的坐标为

$$\vec{a} = \begin{pmatrix} x_2 - x_1 \\ y_2 - y_1 \end{pmatrix}、\ \vec{b} = \begin{pmatrix} x_4 - x_3 \\ y_4 - y_3 \end{pmatrix}$$

另外，每个向量的大小可以用勾股定理得出：

$$|\vec{a}| = \sqrt{(x_2 - x_1)^2 + (y_2 - y_1)^2}$$
$$|\vec{b}| = \sqrt{(x_4 - x_3)^2 + (y_4 - y_3)^2}$$

将这些代入式（4.3.3），可以求出两个向量之间的夹角。

Try Python　**求两条直线的夹角**

现在我们用内积公式来计算图4-35中的两条直线的夹角。

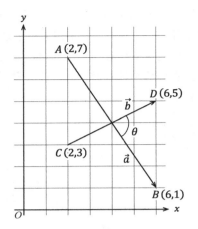

图4-35　求两条直线*AB*、*CD*的夹角

通常先用4个坐标求出 $\vec{a}$ 和 $\vec{b}$ 的大小，然后求出角度，但既然用了Python，就介绍一种更简单的方法。

代码4-1显示了图4-35中通过直线*AB*和*CD*求出夹角的代码。其结果是82.8749836510982，大约为83°。

代码 4-1　直线 *AB* 和 *CD* 的夹角

```
1. import math
2. import numpy as np
3.
4. # 坐标
5. a = np.array([2, 7])
6. b = np.array([6, 1])      ←①
7. c = np.array([2, 3])
8. d = np.array([6, 5])
9.
10. # 向量a和向量b的坐标
11. va = b - a               ←②
12. vb = d - c
13.
14. # 向量的大小
15. norm_a = np.linalg.norm(va)   ←③
16. norm_b = np.linalg.norm(vb)
17.
```

```
18. # 向量的内积
19. dot_ab = np.dot(va, vb)          ← ④
20.
21. # 求夹角
22. cos_th = dot_ab / (norm_a * norm_b) ┐
23. rad = math.acos(cos_th)            ├← ⑤
24. deg = math.degrees(rad)            ┘
25. print(deg)
```

①中把坐标值代入NumPy数组，在②中计算向量的坐标。数组可以按每个元素循环计算，所以非常适合向量运算。

③中的linalg.norm()[1]是计算向量大小的函数，可以实现与勾股定理相同的作用。另外，④中的dot()[2]是求向量内积的函数。

⑤是对 $\cos\theta = \dfrac{a_1 b_1 + a_2 b_2}{|\vec{a}||\vec{b}|}$ 的计算，但要注意，这里得到的值是 $\cos\theta$，要转换为角度，必须使用cos的反函数，也就是acos()函数[3]。然而，通过这个函数得到的角度是弧度制的度数，需要通过degree()函数将其转换为角度制的度数。

4.3.5　内积的性质

如果我们计算单位向量的内积，其结果总是在-1和1之间。这是关于内积要记住的第三点，因为内积的结果告诉了我们两个向量之间的位置关系（见图4-36）。

当内积的结果为正时，两个向量所成的夹角为锐角（小于90°）[见图4-36（a）]；当结果为0时，夹角为直角［见图4-36（b）]；当结果为负时，夹角为钝角（大于90°）[见图4-36（c）]。这个性质可用于确定一个游戏角色是否需要在三维CG中或在游戏中重新绘制。

例如，我们假设视点和角色之间的位置如图4-37所示。视点方向的

1　在NumPy的linalg模块中的线性代数函数。

2　向量的内积用点（·）表示，所以内积有时被称为"点积"。

3　读"反余弦"。

向量设为 $\vec{a}$，将与角色各面垂直的向量[1]设为 $\vec{b}$。计算内积时，如果 $\vec{a}\cdot\vec{b}<0$，则表示视线与该面相对，需要绘制该面；如果 $\vec{a}\cdot\vec{b}>0$，则表示视线和该面朝向同一方向，也就是说看不到那个面，不需要绘制。

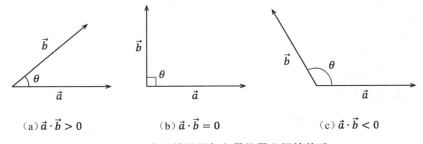

（a）$\vec{a}\cdot\vec{b}>0$　　　　（b）$\vec{a}\cdot\vec{b}=0$　　　　（c）$\vec{a}\cdot\vec{b}<0$

图4-36　内积的结果与向量位置之间的关系

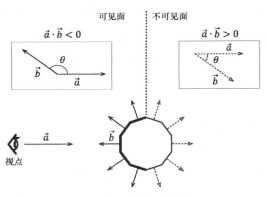

图4-37　视点和角色的位置

　　如果所有的面都以同样的方式计算，那么只有图4-37中粗线所示的面需要绘制。这样，在三维CG和游戏里，内积可以被用来确定哪些面需要绘制，并省略绘制不必要的部分，这对提高处理速度很有用。

专栏　余弦相似度

　　当内积的结果为0时，两个向量是正交的。当内积的结果为1时，两个向量的方向相同。反之，当值为–1时，两个向量的方向完全相反（见

1　这被称为"法向量"，见4.4.1小节。

图4-38）。利用这一点，可以判断两个向量是否相似，该方法被称为余弦相似度。

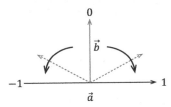

图4-38　内积的结果和向量的位置关系

例如，表4-1显示了用5个词组成的句子以及这些词出现的频率。

表4-1　示例句子和词频

句子		蓝	白	天	云	浪
句子 A	蓝天和蓝浪	2	0	1	0	1
句子 B	蓝天和白浪	1	1	1	0	1
句子 C	白云和蓝天	1	1	1	1	0

将表4-1中的3个句子视为3个向量，$\vec{a}=(2,0,1,0,1)$，$\vec{b}=(1,1,1,0,1)$，$\vec{c}=(1,1,1,1,0)$，检查余弦相似度，数值接近1的两个句子最相似。以下是结果，请参考。如果想自己验证，可以参考代码4-1实际编程进行验证。

$\vec{a}$ 和 $\vec{b}$　0.816496580928

$\vec{b}$ 和 $\vec{c}$　0.75

$\vec{a}$ 和 $\vec{c}$　0.612372435696

当看到这个例子时，你可能会惊讶地发现，一个向量有5个坐标！这就是所谓空间向量。我们在脑海中能想象一个具有长和宽的二维平面，以及一个加入了深度的三维空间。但很难想象加上一个时间轴后的四维世界。然而，在数学世界中，不仅有4或5个维度，还有几十个、几百个，甚至更多维度。在这种情况下，就无法想象出坐标了。4个或更多维度的向量应该被认为是一个有阶数的数字集合。[1]

1　这被称为"数字向量"。

4.4 向量的外积

了解了内积之后，接下来我们讲外积。关于向量的"外积"，我们要记住两点："外积是垂直于两个向量的向量"，以及"向量的外积的大小等于两个向量形成的平行四边形的面积"。

4.4.1 法向量

让我们先看一下计算方法。向量的外积用"×"表示的，如下所示。

$$\vec{a} = \begin{pmatrix} a_1 \\ a_2 \\ a_3 \end{pmatrix}、\quad \vec{b} = \begin{pmatrix} b_1 \\ b_2 \\ b_3 \end{pmatrix}$$

$$\vec{a} \times \vec{b} = \begin{pmatrix} a_2 b_3 - a_3 b_2 \\ a_3 b_1 - a_1 b_3 \\ a_1 b_2 - a_2 b_1 \end{pmatrix}$$

不要被复杂的算式吓到，这里我们应该注意的是"向量的外积结果仍是向量"。注意到它有3个坐标了吗？实际上，这个"向量"只存在于三维空间，而不存在于二维平面。

关于外积我们要记住的第一点是，外积是与两个向量垂直的向量。而方向则遵守"右手法则"。这不太容易想象，我们只需要记住，计算"$\vec{a} \times \vec{b}$"的向量的方向时，就相当于右手握拳竖起大拇指，右手4个手指的卷曲方向为从 $\vec{a}$ 到 $\vec{b}$ 的旋转方向，此时大拇指的指向为 $\vec{a} \times \vec{b}$ 的方向（见图4-39）。

如果我们把两个向量形成的平行四边形看作一个平面，如图4-39所示，外积的向量与该平面垂直，因此也被称为法向量。

法向量可以表示平面的方向。在三维CG和计算机动画的世界里，可以用法向量的值来计算光线照射到角色上的角度，从而表示阴影（见图4-40）。

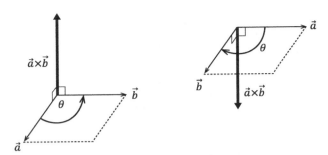

图4-39　计算外积时的向量方向

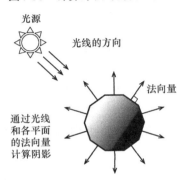

图4-40　光源和角色的位置关系

Try Python　**计算外积**

使用NumPy的cross()函数计算外积。

```
>>> import numpy as np
>>> a = np.array([0, 1, 2])      ← 向量a
>>> b = np.array([2, 0, 0])      ← 向量b
>>> np.cross(a, b)               ← 计算外积
array([ 0, 4, -2])               ← 显示的结果
```

4.4.2　求面积

　　需要大家记住的第二点是，向量的外积的大小等于两个向量形成的平行四边形的面积，公式为

$$\left|\vec{a} \times \vec{b}\right| = |\vec{a}||\vec{b}|\sin\theta \qquad (4.4.1)$$

通过观察图4-41来思考这个公式的含义。

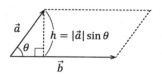

图4-41　由两个向量形成的平行四边形

$\vec{a}$ 的终点到 $\vec{b}$ 的垂线段长度 h 可以用三角函数来表示。

$$\sin\theta = \frac{h}{|\vec{a}|}$$

$$h = |\vec{a}|\sin\theta$$

这也是该平行四边形的高度。图4-41中平行四边形的底是 $\vec{b}$ ，其长是 $|\vec{b}|$ 。平行四边形的面积可以通过"底×高"来计算，即 $|\vec{a}||\vec{b}|\sin\theta$ ，这与式（4.4.1）的右侧相同。

Try Python　**求三角形的面积**

如图4-42所示，让我们来求一个由两个向量的端点相连形成的三角形（阴影区域）的面积。

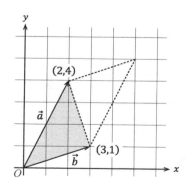

图4-42　由两个向量的端点相连形成的三角形

按如下步骤进行求解。

① 求两个向量的大小（$|a|$、$|b|$）。

② 用两个向量的内积求出向量之间的角度（θ）。

③ 利用外积公式（$|a||b|\sin\theta$）求出两个向量形成的平行四边形的面积。

回想一下前面我们讲到的"向量的外积的大小等于两个向量形成的平行四边形的面积"。我们可以使用NumPy的cross()函数求出向量的外积，使用norm()函数求出向量的大小。利用该函数，我们可以通过以下程序来求出图4-42中阴影区域的面积。

```
>>> a = np.array([2, 4])              ← 向量a
>>> b = np.array([3, 1])              ← 向量b
>>> cross_ab = np.cross(a, b)         ← 求外积
>>> s = np.linalg.norm(cross_ab)      ← 求向量的大小（平行四边形的面积）
>>> s / 2                             ← 三角形的面积
5.0                                   ← 显示的结果
```

第 5 章

矩阵

　　"毕业后就从来没有接触过'矩阵'""在数学课上都没有学过'矩阵'"，碰到矩阵很多读者是这种反应。如果你只读到这里，可能会觉得自己根本不需要学习矩阵，但在 CG 的世界里，要改变角色的尺寸或位置，矩阵是必不可少的。

5.1 什么是矩阵

当我们看到一群人在商店或火车站台上排队时，如果把排队的"人"用"数字"代替，就可以得到类似数学中的矩阵。矩阵的英文是"matrix"。这可能有助于你想象出矩阵的样子。

5.1.1 矩阵的记法

首先，让我们看一下矩阵的记法。在数学上，矩阵的记法如图5-1所示。水平行被称为行，垂直列被称为列，行和列的数量被用来指称矩阵为"行×列的矩阵"或"*m×n*矩阵"。组成矩阵的各个数字是其元素或组成部分。正如你在图5-1中看到的，行和列的数量可以自由决定。

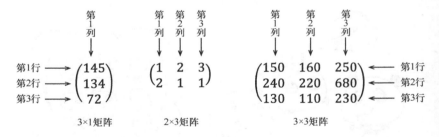

图5-1　矩阵的记法

命名矩阵时，通常使用黑体大写斜体字母，如下面的示例。

$$A = \begin{pmatrix} 1 & 2 & 3 \\ 2 & 1 & 1 \end{pmatrix}$$

矩阵既可以使用圆括号( )也可以使用[ ]表示，但要保持统一。

5.1.2　矩阵的含义

在第3章中，二维平面图上的顶点是用(x,y)表示的。在第4章中，我们用(x,y)来表示一个向量。在这两种情况中，我们不只是把数字放在一起。在图5-1所示的矩阵中，每一行和每一列都有自己的含义。学习矩阵的关键是要知道它们的含义。

表5-1至表5-3显示了使用与图5-1中的矩阵相同的值创建的表格。通过行和列的标题以及数值的单位，就可以知道这些数字的含义是什么。

表5-1　热量　　　　　　　　　　　　（单位：kJ）

食物	热量
苹果（1个）	607
牛奶（1瓶）	561
香蕉（1根）	301

表5-2　所食用的数量

人物	苹果/个	牛奶/瓶	香蕉/根
太郎	1	2	3
花子	2	1	1

表5-3　价格　　　　　　　　　　　　（单位：日元）

食物	便利店	超市	百货店
苹果	150	160	250
牛奶	240	220	680
香蕉	130	110	230

数学中使用的矩阵是一个表格，其中省略了行和列的标题和单位，只把数值写成

$$\begin{pmatrix} 1 & 2 & 3 \\ 2 & 1 & 1 \end{pmatrix}$$

当看到图5-1时，你可能会认为这只是一个随机的数字列表，然而，重要的是要记住，这些陈述中蕴含了意义："一个苹果有607kJ，一瓶牛

奶有561kJ，一根香蕉有301kJ"。

本书中我们将矩阵

$$\begin{pmatrix} a_{11} & a_{12} \\ a_{21} & a_{22} \end{pmatrix}$$

使用圆括号括起来。元素用"a_{ij}"表示，i是行号，j是列号。

5.2　矩阵的运算

　　矩阵的运算有许多法则。记住这些法则的关键是用一个具体的表格代替矩阵，并理解运算的意义。只看数字和法则是不容易学会的。

5.2.1　加法、减法

　　如果矩阵行和列的元素数量相等，就可以进行加减运算。在各元素之间做以下计算

$$A = \begin{pmatrix} a_{11} & a_{12} \\ a_{21} & a_{22} \end{pmatrix}、\quad B = \begin{pmatrix} b_{11} & b_{12} \\ b_{21} & b_{22} \end{pmatrix}$$

$$A + B = \begin{pmatrix} a_{11} & a_{12} \\ a_{21} & a_{22} \end{pmatrix} + \begin{pmatrix} b_{11} & b_{12} \\ b_{21} & b_{22} \end{pmatrix} = \begin{pmatrix} a_{11}+b_{11} & a_{12}+b_{12} \\ a_{21}+b_{21} & a_{22}+b_{22} \end{pmatrix}$$

$$A - B = \begin{pmatrix} a_{11} & a_{12} \\ a_{21} & a_{22} \end{pmatrix} - \begin{pmatrix} b_{11} & b_{12} \\ b_{21} & b_{22} \end{pmatrix} = \begin{pmatrix} a_{11}-b_{11} & a_{12}-b_{12} \\ a_{21}-b_{21} & a_{22}-b_{22} \end{pmatrix}$$

　　记住计算法则的最好方法是将它们想象成具体的数值。例如：

　　"太郎和花子在早上和晚上做了表5-4和表5-5中所示的锻炼。那么，他们今天做了多少锻炼呢？"

表5-4 早上锻炼的次数 （单位：次）

姓名	深蹲	俯卧撑
太郎	50	40
花子	10	10

表5-5 晚上的锻炼次数 （单位：次）

姓名	深蹲	俯卧撑
太郎	30	100
花子	20	15

如果我们把每个表做成一个矩阵并进行计算，

$$\begin{pmatrix} 50 & 40 \\ 10 & 10 \end{pmatrix} + \begin{pmatrix} 30 & 100 \\ 20 & 15 \end{pmatrix} = \begin{pmatrix} 50+30 & 40+100 \\ 10+20 & 10+15 \end{pmatrix} = \begin{pmatrix} 80 & 140 \\ 30 & 25 \end{pmatrix}$$

答案如表5-6所示。

表5-6 一天中的锻炼次数 （单位：次）

姓名	深蹲	俯卧撑
太郎	80	140
花子	30	25

不使用矩阵进行计算的话，计算方法如下。

太郎的深蹲次数：$50 + 30 = 80$次

太郎的俯卧撑次数：$40 + 100 = 140$次

花子的深蹲次数：$10 + 20 = 30$次

花子的俯卧撑次数：$10 + 15 = 25$次

如上需要4个算式。而使用矩阵的话，就可以在一个算式中进行同样的计算。

当然，只能对具有相同形式的矩阵进行加减运算。如果矩阵的行或列的数量不同，则无法进行计算（见图5-2）。

$$\begin{pmatrix} a_{11} & a_{12} \\ a_{21} & a_{22} \end{pmatrix} + \begin{pmatrix} b_1 \\ b_2 \end{pmatrix} \qquad \begin{pmatrix} a_1 \\ a_2 \end{pmatrix} - \begin{pmatrix} b_{11} & b_{12} \\ b_{21} & b_{22} \end{pmatrix}$$

图5-2 不同形式的矩阵不能相加或相减

同样重要的是，以下运算法则也适用于矩阵加减法。

交换律　$A+B=B+A$

结合律　$(A+B)+C=A+(B+C)$

Try Python　**Python中的矩阵加减法**

为了在Python中定义矩阵，我们使用NumPy的 matrix() 函数[1]。例如，一个2×2的矩阵可以像这样定义。

$A=$ numpy.matrix ([[50, 40], ← 第1行 (a_{11},a_{12})

[10, 10]]) ← 第2行 (a_{21},a_{22})

同样的矩阵可以通过以下内容来创建，中间不需要换行。

$A=$ numpy.matrix([[50, 40], [10, 10]])

对于用matrix()函数定义的矩阵，加法和减法可以使用与数学运算相同的方式进行。

```
>>> import numpy as np
>>> A = np.matrix([[50, 40], [10,10]] )    ← 矩阵A (早上)
>>> B = np.matrix([[30, 100], [20, 15]] )  ← 矩阵B (晚上)
>>> A+B                                     ← A+B
matrix([[80, 140],                          ← 显示的结果
    [ 30, 25]])
```

5.2.2 矩阵与实数相乘

表5-7显示了太郎和花子的锻炼次数。明天的目标是达到这个值的80%。那么，明天他们每人应该做多少次？

1　也可以用array()函数将矩阵定义为二维数组。然而，二维数组和矩阵在乘法方面的表现是不同的。关于矩阵乘法的更多信息，请参见5.2.3小节。

姓名	深蹲	俯卧撑
太郎	80	140
花子	30	25

表5-7　今天的锻炼次数　　　　　　（单位：次）

如果我们把每个值都乘以0.8，就可以得到答案。一个实数与一个矩阵的乘法如下。

$$A = \begin{pmatrix} a_{11} & a_{12} \\ a_{21} & a_{22} \end{pmatrix}$$

$$kA = \begin{pmatrix} ka_{11} & ka_{12} \\ ka_{21} & ka_{22} \end{pmatrix} \quad (k是任意实数)$$

请记住，以下法则也适用于矩阵与实数相乘（其中*A*、*B*是任意矩阵，*k*、*l*是任意实数）。

交换律　$kA=Ak$

结合律　$(kl)A=k(lA)$

分配律　$(k+l)A=kA+lA$

　　　　$k(A+B)=kA+kB$

Try Python　**求实数与矩阵相乘的结果**

我们来计算一下明天的锻炼次数。根据表5-7构建的矩阵，我们得到以下答案。

```
>>> A = np.matrix([[80, 140], [30, 25]])   ← 矩阵A
>>> 0.8 * A                                ← 0.8×A
matrix([[64., 112.],                       ← 显示的结果
        [ 24., 20.]])
```

5.2.3 乘法

矩阵的乘法是将其元素相乘[1]……但矩阵的乘法并不像元素的乘法

1　如果使用array()函数将一个矩阵定义为二维数组，然后使用运算符，就可以将这些元素逐次相乘。请注意，这不是矩阵乘法。

本身那样容易。我们先看一个例子。太郎和花子准备购买苹果和香蕉，其数量如表5-8所示。表5-9显示了一家便利店和一家百货店的价格。他们在每个商店购买的东西将支付多少钱呢？

表5-8　两个人要买的东西的数量　　　　（单位：个）

名称	苹果	香蕉
太郎	1	3
花子	2	1

表5-9　便利店和百货店的价格　　　　（单位：日元）

项目	便利店	百货店
苹果	150	250
香蕉	130	230

和以前一样，我们根据表5-8和表5-9做一个矩阵，并进行计算，答案可以用表5-10表示。

$$\begin{pmatrix} 1 & 3 \\ 2 & 1 \end{pmatrix}\begin{pmatrix} 150 & 250 \\ 130 & 230 \end{pmatrix} = \begin{pmatrix} 1\times150+3\times130 & 1\times250+3\times230 \\ 2\times150+1\times130 & 2\times250+1\times230 \end{pmatrix} = \begin{pmatrix} 540 & 940 \\ 430 & 730 \end{pmatrix}$$

表5-10　两个人预计支付的金额　　　　（单位：日元）

名称	便利店	百货店
太郎	540	940
花子	430	730

通过这个例子你会发现它实际上只是一个普通的计算。光看这些数字，矩阵的乘法显得很混乱。下面的表达式会很清晰。

$$A = \begin{pmatrix} a_{11} & a_{12} \\ a_{21} & a_{22} \end{pmatrix} 、 \quad B = \begin{pmatrix} b_{11} & b_{12} \\ b_{21} & b_{22} \end{pmatrix}$$

$$AB = \begin{pmatrix} a_{11} & a_{12} \\ a_{21} & a_{22} \end{pmatrix}\begin{pmatrix} b_{11} & b_{12} \\ b_{21} & b_{22} \end{pmatrix} = \begin{pmatrix} a_{11}b_{11}+a_{12}b_{21} & a_{11}b_{12}+a_{12}b_{22} \\ a_{21}b_{11}+a_{22}b_{21} & a_{21}b_{12}+a_{22}b_{22} \end{pmatrix}$$

如果你记不住哪些元素要相乘，哪些要相加，你可以试试图5-3所示的方法。将待乘矩阵**A**放在行下，将待乘矩阵**B**放在列下，在行和列的交汇处对每个行和列元素进行相乘。结果的元素值就是两个元素相乘后的和。

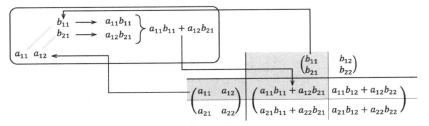

图5-3　乘法的计算

Try Python　**矩阵乘法**

NumPy的matrix()函数定义的矩阵[1]可以用运算符进行乘法运算。根据表5-8和表5-9构建的矩阵的乘法计算如下。

```
>>> A = np.matrix([[1, 3], [2, 1]])          ← 矩阵A
>>> B = np.matrix([[150, 250], [130, 230]])  ← 矩阵B
>>> A * B                                     ← A×B
matrix([[540, 940],                           ← 显示的结果
        [430, 730]])
```

5.2.4　乘法法则

下面的法则适用于任意矩阵的乘法。

结合律　$(A×B)×C=A×(B×C)$

分配律　$A×(B+C)=(A×B)+(A×C)$

注意，交换律在矩阵乘法中并不成立[2]。

$$AB \neq BA$$

例如，如果你把下面两个矩阵的相乘顺序对调，会得到不同的答案。记住，在两个矩阵相乘时，相乘的顺序非常重要。

1　当array()函数将一个矩阵定义为二维数组时，运算符被用来将元素相乘。请注意，不能直接将矩阵相乘。

2　有些矩阵的交换律成立，见5.2.5和5.2.6小节。

$$A = \begin{pmatrix} 1 & 3 \\ 5 & 7 \end{pmatrix}、\quad B = \begin{pmatrix} 2 & 4 \\ 6 & 8 \end{pmatrix}$$

$$AB = \begin{pmatrix} 1 & 3 \\ 5 & 7 \end{pmatrix}\begin{pmatrix} 2 & 4 \\ 6 & 8 \end{pmatrix} = \begin{pmatrix} 1\times2+3\times6 & 1\times4+3\times8 \\ 5\times2+7\times6 & 5\times4+7\times8 \end{pmatrix} = \begin{pmatrix} 20 & 28 \\ 52 & 76 \end{pmatrix}$$

$$BA = \begin{pmatrix} 2 & 4 \\ 6 & 8 \end{pmatrix}\begin{pmatrix} 1 & 3 \\ 5 & 7 \end{pmatrix} = \begin{pmatrix} 2\times1+4\times5 & 2\times3+4\times7 \\ 6\times1+8\times5 & 6\times3+8\times7 \end{pmatrix} = \begin{pmatrix} 22 & 34 \\ 46 & 74 \end{pmatrix}$$

只有当被乘矩阵的列数与乘数矩阵的行数相等时,才有可能进行乘法运算,如图5-4(a)所示。在图5-4(b)所示的情况下,乘法是不能进行的。

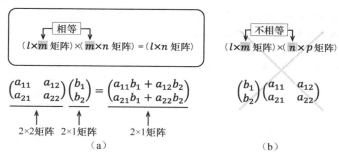

（a）　　　　　　　　　　　　　　（b）

图5-4　能相乘和不能相乘的矩阵

Try Python　　*l×m*矩阵和*m×n*矩阵乘法

表5-11显示了一个苹果和一根香蕉的热量,表5-12显示了太郎和花子在锻炼前后所吃的食物量。让我们用这些数值来计算他们各自摄入的热量。

表5-11　热量　　　　　　　　　　　（单位：kJ）

食物	热量
苹果（1个）	607
香蕉（1根）	301

表5-12　两个人的食物量

人物	苹果/个	香蕉/根
太郎	1	3
花子	2	1

这里要注意的是相乘的顺序。表5-11是一个2×1的矩阵，表5-12是一个2×2的矩阵。在这种情况下，表5-12是被乘的矩阵，表5-11是要乘的矩阵。

```
>>> A = np.matrix([[1, 3], [2, 1]])   ← 矩阵A（2×2矩阵）
>>> B = np.matrix([[607], [301]] )    ← 矩阵B（2×1矩阵）
>>> A * B                             ← 计算A×B
martrix([[1510],                      ← 显示的结果（2×1矩阵）
         [1515]])
```

太郎的热量摄入是1510kJ，花子的热量是1515kJ。请注意，在定义矩阵**B**时，

$$B = np.matrix([607, 301])$$

这是一个1×2的矩阵。注意，如果矩阵的形状改变了，则无法进行计算。

5.2.5　单位矩阵

如果矩阵从左上角到右下角的主对角线上的元素均为1，其他元素均为0，则该矩阵被称为单位矩阵，在数学上用"**E**"或"**I**"表示。我们来看看2×2和3×3的单位矩阵。

$$E = \begin{pmatrix} 1 & 0 \\ 0 & 1 \end{pmatrix}、\ E = \begin{pmatrix} 1 & 0 & 0 \\ 0 & 1 & 0 \\ 0 & 0 & 1 \end{pmatrix}$$

单位矩阵就像数字1一样，5×1=5，10×1=10，以此类推，所以无论你用哪一个矩阵与之相乘，答案都和原矩阵相同。换句话说，当与单位矩阵相乘时，如下交换律成立。

$$AE=EA=A$$

Try Python　矩阵×单位矩阵

两矩阵相乘，当其中一个矩阵是单位矩阵时，交换律对矩阵乘法是成立的。

```
>>> A = np.matrix([[1, 3], [2, 1]])   ← 矩阵A
>>> E = np.matrix([[1, 0], [0, 1]])   ← 单位矩阵E
>>> A * E                             ← A×E
```

```
matrix([[1, 3],                    ← 显示的结果（与A相同）
        [2, 1]])
>>> E * A                          ← E×A
matrix([[1, 3],                    ← 显示的结果（与A相同）
        [2, 1]])
```

5.2.6 逆矩阵

有矩阵A和矩阵B，如果$AB=BA=E$为真，则称A可逆，矩阵B为矩阵A的逆矩阵。逆矩阵是指当一个矩阵A与另一个矩阵B相乘时，结果是一个单位矩阵E，并且将A的逆矩阵用"A^{-1}"表示。

$$A = \begin{pmatrix} a_{11} & a_{12} \\ a_{21} & a_{22} \end{pmatrix}$$

$$A^{-1} = \frac{1}{a_{11}a_{22} - a_{12}a_{21}} \begin{pmatrix} a_{22} & -a_{12} \\ -a_{21} & a_{11} \end{pmatrix}$$

（$a_{11}a_{22} - a_{12}a_{21} = 0$ 时，逆矩阵不存在。）

求逆矩阵时，要先确认 $a_{11}a_{22} - a_{12}a_{21} \neq 0$。例如，假设 $A = \begin{pmatrix} 5 & 3 \\ 2 & 1 \end{pmatrix}$，因为 $(5 \times 1) - (3 \times 2) = -1$，所以逆矩阵存在。把矩阵的元素代入上面的公式中，

$$A^{-1} = \frac{1}{(5 \times 1) - (3 \times 2)} \begin{pmatrix} 1 & -3 \\ -2 & 5 \end{pmatrix} = -\begin{pmatrix} 1 & -3 \\ -2 & 5 \end{pmatrix} = \begin{pmatrix} -1 & 3 \\ 2 & -5 \end{pmatrix}$$

可以求出逆矩阵为 $\begin{pmatrix} -1 & 3 \\ 2 & -5 \end{pmatrix}$。

Try Python　　求逆矩阵

使用NumPy的linalg.inv()函数[1]，很容易求出逆矩阵，不需要自己做任何复杂的计算。

```
>>> A = np.matrix([[5, 3], [2, 1]])   ← 矩阵A
>>> B = np.linalg.inv(A)              ← 求逆矩阵B
>>> B
matrix([[-1., 3.],                    ← 显示的结果
        [ 2., -5.]])
```

1　NumPy的linalg模块是定义了线性代数函数的模块。

请注意，用逆矩阵与原矩阵相乘的结果是一个单位矩阵（**AB=E**）。

```
>>> (A * B).astype(np.int64)    ← A×B(AB=E)
matrix([[1, 0],                  ← 显示的结果
        [0, 1]], dtype=int64)
```

linalg.inv() 函数将逆矩阵的元素作为浮点数返回，所以结果也是浮点类型的。为了更容易看出结果是否为同一矩阵[1]，上面的例子在显示前使用astype()函数将结果转换为整数类型。

5.2.7 逆矩阵和方程组

为什么我们要讲需要进行复杂计算的逆矩阵？因为利用逆矩阵可以求解方程组。

到目前为止，我们使用过SymPy库的Symbol类和solve()函数来解方程组。然而，SymPy是Python的一个子库，并不能用于其他编程语言。在一个没有相应库的语言中，用户就必须自己编写程序来解方程组。这就是逆矩阵发挥作用的时候了。

让我们来看看如何用逆矩阵求解方程组。比如，有如下方程组

$$\begin{cases} 5x + 3y = 9 \\ 2x + y = 4 \end{cases}$$

可以用矩阵表示为

$$\begin{pmatrix} 5 & 3 \\ 2 & 1 \end{pmatrix} \begin{pmatrix} x \\ y \end{pmatrix} = \begin{pmatrix} 9 \\ 4 \end{pmatrix} \tag{5.2.1}$$

这里想提醒以下两点。

- 用任意矩阵乘以它的逆矩阵，都得到一个单位矩阵。

- 用任何矩阵乘以单位矩阵，结果与原矩阵相同。

1　如果省略了astype()函数，结果就变成实数的指数。

$\begin{pmatrix} 5 & 3 \\ 2 & 1 \end{pmatrix}$ 的逆矩阵是 $\begin{pmatrix} -1 & 3 \\ 2 & -5 \end{pmatrix}$，将其乘以式（5.2.1）的两边，得到

$$\begin{pmatrix} -1 & 3 \\ 2 & -5 \end{pmatrix}\begin{pmatrix} 5 & 3 \\ 2 & 1 \end{pmatrix}\begin{pmatrix} x \\ y \end{pmatrix}=\begin{pmatrix} -1 & 3 \\ 2 & -5 \end{pmatrix}\begin{pmatrix} 9 \\ 4 \end{pmatrix}$$

注意等号右边矩阵的顺序。如果矩阵顺序交换，它们就不能相乘。整理后得到

$$\begin{pmatrix} 1 & 0 \\ 0 & 1 \end{pmatrix}\begin{pmatrix} x \\ y \end{pmatrix}=\begin{pmatrix} -1 & 3 \\ 2 & -5 \end{pmatrix}\begin{pmatrix} 9 \\ 4 \end{pmatrix}$$

由于单位矩阵与任何矩阵相乘，答案都与原矩阵相同，所以等号左边可以写为

$$\begin{pmatrix} x \\ y \end{pmatrix}$$

解得

$$\begin{pmatrix} x \\ y \end{pmatrix}=\begin{pmatrix} -1\times9+3\times4 \\ 2\times9+(-5)\times4 \end{pmatrix}=\begin{pmatrix} 3 \\ -2 \end{pmatrix}$$

$x=3$、$y=-2$ 就是方程组的解。

专栏　使用矩阵的优势

在数学中，我们会用代入法和加减法来解线性方程组，然而，这些方法不能直接在程序中实现，因为其计算方法取决于方程。但是在程序中可用矩阵的方法来求解线性方程组。

① 将线性方程组用矩阵表示。

② 用未知数的系数求逆矩阵。

③ 用逆矩阵乘以式（5.2.1）两边。

此外，逆矩阵的计算和矩阵的乘法都是以这种方式进行的。换句话说，可以用矩阵法机械地求出方程组的解。这意味着，"矩阵计算可以由程序取代"。重要的是，尽管矩阵手算很难，但它用计算机计算非常方便。

Try Python　　用逆矩阵解线性方程组

让我们尝试用逆矩阵解如下线性方程组。

$$\begin{cases} 5x + 3y = 9 \\ 2x + y = 4 \end{cases}$$

这些方程的矩阵表示是

$$\begin{pmatrix} 5 & 3 \\ 2 & 1 \end{pmatrix} \begin{pmatrix} x \\ y \end{pmatrix} = \begin{pmatrix} 9 \\ 4 \end{pmatrix}$$

在 Python 中，我们可以使用 NumPy 的 linalg.inv() 函数来求逆矩阵，所以我们可以用以下代码来解这个方程组。

```
>>> A = np.matrix([[5, 3], [2, 1]])      ← 矩阵A（未知数的系数矩阵）
>>> inv_A = np.linalg.inv(A)             ← 矩阵A的逆矩阵
>>> B = np.matrix([[9], [4]] )           ← 矩阵B（方程组的右侧）
>>> inv_A * B                            ← 逆矩阵×矩阵B
matrix([[3.],                            ← 显示的结果（方程组的解）
         [-2.]])
```

我们也可以将其应用于 Python 以外的编程语言。其他编程语言可能没有查找逆矩阵的函数，此时，你还需要对代码中计算逆矩阵的部分进行编程。例如，如下方程组

$$\begin{cases} ax + by = s \\ cx + dy = t \end{cases}$$

用矩阵可以表示为

$$\begin{pmatrix} a & b \\ c & d \end{pmatrix} \begin{pmatrix} x \\ y \end{pmatrix} = \begin{pmatrix} s \\ t \end{pmatrix}$$

因为 $\begin{pmatrix} a & b \\ c & d \end{pmatrix}$ 的逆矩阵为 $\dfrac{1}{ad-bc}\begin{pmatrix} d & -b \\ -c & a \end{pmatrix}$。下面的程序可以解出该方程组。这可以很容易地应用于其他编程语言，因为它只涉及 4 种算术运算。

```
>>> a = 5        ← 从这里开始为矩阵A（未知数的系数）
>>> b = 3
>>> c = 2
>>> d = 1
```

```
>>> s = 9                        ← 从这里开始为矩阵B（方程组的右侧）
>>> t = 4
>>> k = a*d - b*c                ← 逆矩阵中每个元素的分母
>>> x = ((d/k)*s) + ((-b/k)*t)   ← 逆矩阵×矩阵B
>>> y = ((-c/k)*s) + ((a/k)*t)
>>> x, y
(3.0, -2.0)                      ← 显示的结果（方程组的解）
```

5.3　图形的线性变换

应用Microsoft PowerPoint等软件，不仅可以移动图形的位置，还可以调整它们的大小并翻转。其实，用矩阵也可以实现这些功能。

5.3.1 向量与矩阵的关系

在第4章中出现的向量 $\vec{a} = (3, 2)$，可以写为 $\vec{a} = \begin{pmatrix} 3 \\ 2 \end{pmatrix}$。如果我们把向量的元素垂直排列，就是一个2行×1列的矩阵。

矩阵和向量可以结合使用，例如，$A = \begin{pmatrix} 2 & 0 \\ 1 & 2 \end{pmatrix}$ 乘以 $\vec{a} = (3, 2)$，会产生一个新的向量。

$$\begin{pmatrix} 2 & 0 \\ 1 & 2 \end{pmatrix}\begin{pmatrix} 3 \\ 2 \end{pmatrix} = \begin{pmatrix} 2 \times 3 + 0 \times 2 \\ 1 \times 3 + 2 \times 2 \end{pmatrix} = \begin{pmatrix} 6 \\ 7 \end{pmatrix}$$

如果读者没有真正理解，让我们再看一下图5-5。

通过与矩阵相乘，向量的终点位置发生了改变。这意味着，"用点 A 右乘矩阵 $\begin{pmatrix} 2 & 0 \\ 1 & 2 \end{pmatrix}$，就变为了点 B"。

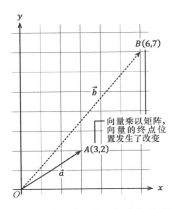

图5-5　使用矩阵进行坐标变换

如果我们将原始坐标定义为(x, y)，变换坐标矩阵定义为$\begin{pmatrix} a_{11} & a_{12} \\ a_{21} & a_{22} \end{pmatrix}$，变换后的坐标用$(x', y')$表示，那么变换后的坐标的表达式如下。

$$\begin{pmatrix} x' \\ y' \end{pmatrix} = \begin{pmatrix} a_{11} & a_{12} \\ a_{21} & a_{22} \end{pmatrix} \begin{pmatrix} x \\ y \end{pmatrix}$$

如果用方程组表示，变换后的坐标为

$$x' = a_{11}x + a_{12}y$$
$$y' = a_{21}x + a_{22}y$$

因为可以把它变换为线性方程，我们称这样的变换为线性变换。用来变换坐标的矩阵被称为变换矩阵。

Try Python　**向量与矩阵相乘**

在第4章中，我们使用NumPy的array()函数定义了数组，用于处理向量。在本章中，我们将使用matrix()函数来定义一个2行×1列的矩阵[1]。请注意矩阵相乘的顺序，否则计算将无法进行。

```
>>> import numpy as np
>>> p = np.matrix([[3], [2]])        ← 点P的坐标
```

1　使用array()函数时，应该把它定义为numpy.array([[3], [2]])的二维数组。如果把它定义为numpy.array([3, 2])，结果将是一个1行×2列的矩阵。

```
>>> A = np.matrix([[2, 0], [1, 2]])    ← 变换矩阵A
>>> A * p                              ← A×P
matrix([[6],                           ← 显示的结果(变换后的坐标)
        [7]])
```

5.3.2 图形的对称变换

对称变换是指将一个图形围绕一条线或一个点，变换到对称的位置上。当我们以 x 轴、y 轴或坐标原点为中心时，可以通过反转坐标的符号来进行这种变换。

关于 x 轴的对称变换

图5-6中实线为原图形，虚线为以 x 轴为中心的对称图形。现在比较一下这两个图形顶点的坐标。x 坐标保持不变，但 y 坐标的符号相反。公式为

$$x' = x$$
$$y' = -y$$

以矩阵形式表示为

$$\begin{pmatrix} x' \\ y' \end{pmatrix} = \begin{pmatrix} 1 & 0 \\ 0 & -1 \end{pmatrix} \begin{pmatrix} x \\ y \end{pmatrix}$$

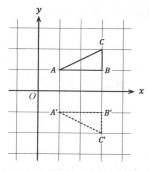

图5-6　以 x 轴为中心的对称变换

Try Python　　**以 x 轴为中心的对称变换**

代码5-1是一个使用变换矩阵 $\begin{pmatrix} 1 & 0 \\ 0 & -1 \end{pmatrix}$ 将图5-6中的三角形 ABC 变换成三角形 $A'B'C'$ 的程序。图5-7为执行结果。三角形使用 matplotlib.pyplot 模块的 plot() 函数将顶点按 $A \rightarrow B \rightarrow C \rightarrow A$ 的顺序连接起来。要做到这一点，我们需要在变换前定义图5-8所示的2×4的矩阵（代码5-1的①）。

```
[[ 1  3  3  1]
 [-1 -1 -2 -1]]
```

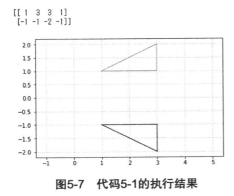

图5-7　代码5-1的执行结果

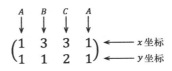

图5-8　三角形顶点的矩阵定义

代码 5-1　以 x 轴为中心的对称变换

```
1. %matplotlib inline
2. import numpy as np
3. import matplotlib.pyplot as plt
4.
5. #三角形ABC的顶点
6. p = np.matrix([[1, 3, 3, 1], [1, 1, 2, 1]]) ← ①
7.
8. # 变换矩阵（关于x轴的对称变换）
9. A = np.matrix([[1, 0], [0, -1]])
10.
11. #变换
12. p2 = A * p
13. print(p2)
14.
15. # 绘图
16. p = np.array(p)          ┐
17. p2 = np.array(p2)        ┘← ②
18. plt.plot(p[0, :], p[1, :])       ┐
19. plt.plot(p2[0, :], p2[1, :])     ┘← ③
20. plt.axis('equal')
21. plt.grid(color='0.8')
22. plt.show()
```

　　为了使用2×4矩阵定义的坐标来绘制图形，需要做一些工作，即需要②和③的部分。③中的plot()函数用于绘制图形，参数依次是"x坐标"

和 "y坐标"。现在再看一下图5-8。我们把x坐标的值放在第一行，把y坐标的值放在第二行，转变为二维数组后形式不变。数组中某一行的值可以用以下形式引用，并将其作为参数传递给plot()函数。

p[0, :]←数组p的第一行（x坐标）p[1, :]←数组p的第二行（y坐标）

关于y轴的对称变换

y坐标不变，x坐标的符号取反，实现关于y轴的对称变换（见图5-9）。

这可以用如下公式表示。

$$x' = -x$$
$$y' = y$$

以矩阵形式表示为

$$\begin{pmatrix} x' \\ y' \end{pmatrix} = \begin{pmatrix} -1 & 0 \\ 0 & 1 \end{pmatrix}\begin{pmatrix} x \\ y \end{pmatrix}$$

让我们用Python计算变换后的坐标。

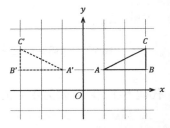

图5-9 关于y轴的对称变换

```
>>> p = np.matrix([[1, 3, 3], [1, 1, 2]])   ← 三角形ABC的顶点
>>> A = np.matrix([[-1, 0], [0, 1]])   ← 变换矩阵A(围绕轴线的对称变换)
>>> A * p                              ←A×p
matrix([[-1, -3, -3],                  ← 显示的结果（变换后的x坐标）
        [ 1, 1, 2]])                   ← 显示的结果（变换后的y坐标）
```

关于坐标原点(0,0)的点对称

对x坐标和y坐标的符号取反，可以将图形关于坐标原点(0,0)进行点对称变换（见图5-10）。

$$x' = -x$$
$$y' = -y$$

以矩阵形式表示为

$$\begin{pmatrix} x' \\ y' \end{pmatrix} = \begin{pmatrix} -1 & 0 \\ 0 & -1 \end{pmatrix}\begin{pmatrix} x \\ y \end{pmatrix}$$

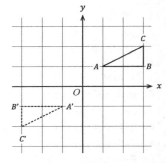

图5-10 以坐标原点为中心的点对称

让我们用Python计算变换后的坐标。

```
>>> p = np.matrix([[1, 3, 3], [1, 1, 2]])   ← 三角形ABC的顶点
>>> A = np.matrix([[-1, 0], [0, -1]])   ← 变换矩阵A（原点对称变换）。
>>> A * p                             ← A×p
matrix([[-1, -3, -3],                 ← 显示的结果（变换后的x坐标）
        [-1, -1, -2]])                ← 显示的结果（变换后的y坐标）
```

关于直线*y=x*的对称变换

如果我们把*x*坐标和*y*坐标互换，将得到关于直线*y=x*对称的图形（见图5-11）。

用公式表示为

$$x' = y$$
$$y' = x$$

用矩阵表示为

$$\begin{pmatrix} x' \\ y' \end{pmatrix} = \begin{pmatrix} 0 & 1 \\ 1 & 0 \end{pmatrix} \begin{pmatrix} x \\ y \end{pmatrix}$$

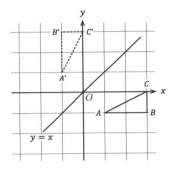

图5-11　关于直线*y=x* 的对称变换

让我们用Python计算变换后的坐标。

```
>>> p = ([[1, 3, 3], [-1, -1, 0]] )   ← 三角形ABC的顶点
>>> A = np.matrix([[0, 1], [1, 0]])   ← 变换矩阵A（直线y=x）
>>> A * p                             ← A×p
matrix([[-1, -1, 0],                  ← 显示的结果（变换后的x坐标）
        [ 1, 3, 3]])                  ← 显示的结果（变换后的y坐标）
```

5.3.3 图形的放大与缩小

将*x*坐标乘以*a*，将*y*坐标乘以*b*，就可以将一个图形进行放大或缩小。用公式表示为

$$x' = ax$$
$$y' = by$$

以矩阵形式表示为

$$\begin{pmatrix} x' \\ y' \end{pmatrix} = \begin{pmatrix} a & 0 \\ 0 & b \end{pmatrix} \begin{pmatrix} x \\ y \end{pmatrix}$$

当$a=b>1$时，如图5-12所示，在保持原有图形形状不变的情况下图形被放大（这种转化被称为"相似变换"）。当a和b小于1（$0<a，b<1$）时，图形被缩小。

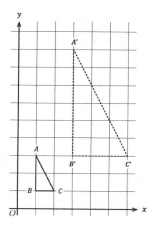

图5-12　保持形状不变的图形放大

Try Python　绘制放大图形

代码5-2显示了将图5-12中的三角形ABC在x方向、y方向上放大3倍的程序，图5-13显示了执行结果。定义坐标以及执行plot()函数等内容，请参考代码5-1。

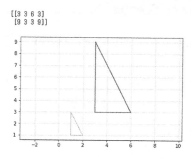

图5-13　代码5-2的执行结果

156

代码 5-2 图形的相似放大

```
1. %matplotlib inline
2. import numpy as np
3. import matplotlib.pyplot as plt
4.
5. #三角形ABC的顶点
6. p = np.matrix([[1, 1, 2, 1], [3, 1, 1, 3]])
7.
8. #变换矩阵（放大3倍）
9. A = np.matrix([[3, 0], [0, 3]])
10.
11. # 变换
12. p2 = A * p
13. print(p2)
14.
15. # 绘图
16. p = np.array(p)
17. p2 = np.array(p2)
18. plt.plot(p[0, :], p[1, :])
19. plt.plot(p2[0, :], p2[1, :])
20. plt.axis('equal' )
21. plt.grid(color='0.8')
22. plt.show()
```

5.3.4 图形的旋转

图形的旋转比对称变换或缩放要复杂一些。让我们来看图5-14所示的图形旋转的公式。这是一个围绕坐标原点，逆时针旋转角度 θ 的变换。

$$\begin{pmatrix} x' \\ y' \end{pmatrix} = \begin{pmatrix} \cos\theta & -\sin\theta \\ \sin\theta & \cos\theta \end{pmatrix} \begin{pmatrix} x \\ y \end{pmatrix} \quad (5.3.1)$$

其实没必要追究矩阵（也被称为"旋转矩阵"）是如何"旋转"的。只要能够把式（5.3.1）中的矩阵作为一

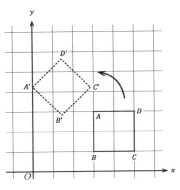

图5-14 围绕坐标原点逆时针旋转θ

个"旋转图形工具"记下来即可。

绘制旋转图形

　　代码5-3是将图5-14中的矩形*ABCD*逆时针旋转45°的程序，使用了 NumPy[1]中定义的cos()和sin()函数。这些函数必须以弧度为单位来表示角度。在代码5-3中，我们在定义旋转矩阵之前使用radians()函数将角度制的度数变换为弧度制的度数。

　　图5-15显示了代码5-3的执行结果。如何定义坐标以及如何执行 plot()函数等，请参考代码5-1。

代码 5-3　图形的旋转

```
1. %matplotlib inline
2. import numpy as np
3. import matplotlib.pyplot as plt
4.
5. # 矩形ABCD的顶点
6. p = np.matrix([[3, 3, 5, 5, 3], [3, 1, 1, 3, 3]] )
7.
8. # 变换矩阵（逆时针旋转45°）
9. th = np.radians(45) # 角度制 -> 弧度制
10. A = np.matrix([[np.cos(th), np.sin(-th)], [np.sin(th), np.
    cos(th)]] )
11.
12. #变换
13. p2 = A * p
14. print(p2)
15.
16. # 绘图
17. p = np.array(p)
18. p2 = np.array(p2)
19. plt.plot(p[0, :], p[1, :])
20. plt.plot(p2[0, :], p2[1, :])
21. plt.axis('equal')
22. plt.grid(color='0.8')
23. plt.show()
```

1　使用math模块中定义的函数可以得到同样的结果。

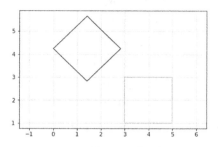

图5-15　代码5-3的执行结果

专栏 **旋转矩阵的推导**

你想知道 $\begin{pmatrix} x' \\ y' \end{pmatrix} = \begin{pmatrix} \cos\theta & -\sin\theta \\ \sin\theta & \cos\theta \end{pmatrix} \begin{pmatrix} x \\ y \end{pmatrix}$ 是如何进行"旋转"的吗？我们在这里只用一个点，以方便理解。

在图5-16中，我们将点$A(x,y)$逆时针旋转角度θ。点$B(x',y')$是旋转后的新位置。如果假设连接原点和点A的线段的长度为l，x轴和线段之间的角度为α，各点坐标可以用以下等式表示。

$$\begin{pmatrix} x \\ y \end{pmatrix} = \begin{pmatrix} l\cos\alpha \\ l\sin\alpha \end{pmatrix} \quad (5.3.2)$$

$$\begin{pmatrix} x' \\ y' \end{pmatrix} = \begin{pmatrix} l\cos(\alpha+\theta) \\ l\sin(\alpha+\theta) \end{pmatrix} \quad (5.3.3)$$

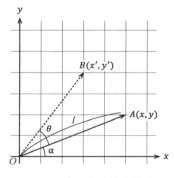

图5-16　点A逆时针旋转度θ

式（5.3.3）的角度部分$(\alpha+\theta)$，可以用如下α和θ的三角函数来表示。

$$\sin(\alpha\pm\theta) = \sin\alpha\cos\theta \pm \cos\alpha\sin\theta$$

$$\cos(\alpha\pm\theta) = \cos\alpha\cos\theta \mp \sin\alpha\sin\theta$$

利用这点，我们可以将式（5.3.3）转化为

$$\begin{pmatrix} x' \\ y' \end{pmatrix} = \begin{pmatrix} l\cos(\alpha+\theta) \\ l\sin(\alpha+\theta) \end{pmatrix}$$

$$= \begin{pmatrix} l(\cos\alpha\cos\theta-\sin\alpha\sin\theta) \\ l(\sin\alpha\cos\theta+\cos\alpha\sin\theta) \end{pmatrix}$$

$$= \begin{pmatrix} l\cos\alpha\cos\theta-l\sin\alpha\sin\theta \\ l\sin\alpha\cos\theta+l\cos\alpha\sin\theta \end{pmatrix}$$

此外，由于这个等式中的 $l\cos\alpha$ 和 $l\sin\alpha$ 可以由式（5.3.2）中的 x 和 y 代替，所以有

$$\begin{pmatrix} x' \\ y' \end{pmatrix} = \begin{pmatrix} x\cos\theta-y\sin\theta \\ y\cos\theta+x\sin\theta \end{pmatrix}$$

$$= \begin{pmatrix} x\cos\theta-y\sin\theta \\ x\sin\theta+y\cos\theta \end{pmatrix}$$

$$= \begin{pmatrix} \cos\theta & -\sin\theta \\ \sin\theta & \cos\theta \end{pmatrix}\begin{pmatrix} x \\ y \end{pmatrix}$$

这就得出了旋转矩阵。

5.3.5 图形的平移

如果我们把原坐标在 x 轴上移动 s，在 y 轴上移动 t，那么，原图在形状保持不变的同时发生了移动。这被称为"图形的平移"（见图5-17）。

这可以用如下公式表示。

$$x' = x+s$$
$$y' = y+t$$

以矩阵形式表示为

$$\begin{pmatrix} x' \\ y' \end{pmatrix} = \begin{pmatrix} x \\ y \end{pmatrix} + \begin{pmatrix} s \\ t \end{pmatrix}$$

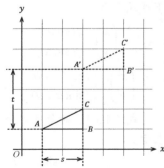

图5-17　图形的平移

看到图形的平移公式你是否注意到了什么？想一想它与图形的对称变换、缩放、旋转有什么不同。答案我

们将在下一小节揭晓。

5.3.6 从 2×2 矩阵到 3×3 矩阵

我们已经知道用2×2矩阵可以表示对称变换、旋转和缩放的变换矩阵。但是，平移稍有不同，其他变换都是用乘法处理矩阵，而平移则是用加法处理。这种差异在CG处理中是非常棘手的。

让我们考虑一种情况，如果必须按照"旋转→缩放→对称变换"的顺序来变换一个图形。原始坐标为(x, y)，旋转矩阵为$\begin{pmatrix} a_{11} & a_{12} \\ a_{21} & a_{22} \end{pmatrix}$，那么，旋转后的坐标$(x_1, y_1)$就是

$$\begin{pmatrix} x_1 \\ y_1 \end{pmatrix} = \begin{pmatrix} a_{11} & a_{12} \\ a_{21} & a_{22} \end{pmatrix} \begin{pmatrix} x \\ y \end{pmatrix}$$

用于缩放的矩阵为$\begin{pmatrix} b_{11} & b_{12} \\ b_{21} & b_{22} \end{pmatrix}$时，那么缩放后的坐标$(x_2, y_2)$为

$$\begin{pmatrix} x_2 \\ y_2 \end{pmatrix} = \begin{pmatrix} b_{11} & b_{12} \\ b_{21} & b_{22} \end{pmatrix} \begin{pmatrix} x_1 \\ y_1 \end{pmatrix} = \begin{pmatrix} b_{11} & b_{12} \\ b_{21} & b_{22} \end{pmatrix} \begin{pmatrix} a_{11} & a_{12} \\ a_{21} & a_{22} \end{pmatrix} \begin{pmatrix} x \\ y \end{pmatrix}$$

对称变换矩阵为$\begin{pmatrix} c_{11} & c_{12} \\ c_{21} & c_{22} \end{pmatrix}$，对称变换后的坐标$(x_3, y_3)$为

$$\begin{pmatrix} x_3 \\ y_3 \end{pmatrix} = \begin{pmatrix} c_{11} & c_{12} \\ c_{21} & c_{22} \end{pmatrix} \begin{pmatrix} x_2 \\ y_2 \end{pmatrix} = \begin{pmatrix} c_{11} & c_{12} \\ c_{21} & c_{22} \end{pmatrix} \begin{pmatrix} b_{11} & b_{12} \\ b_{21} & b_{22} \end{pmatrix} \begin{pmatrix} a_{11} & a_{12} \\ a_{21} & a_{22} \end{pmatrix} \begin{pmatrix} x \\ y \end{pmatrix}$$

这一系列变换都可以用乘法表示。现在让我们看看，当按照"旋转、平移、缩放"的顺序进行变换时会发生什么。

（1）旋转

$$\begin{pmatrix} x_1 \\ y_1 \end{pmatrix} = \begin{pmatrix} a_{11} & a_{12} \\ a_{21} & a_{22} \end{pmatrix} \begin{pmatrix} x \\ y \end{pmatrix}$$

（2）平移

$$\begin{pmatrix} x_2 \\ y_2 \end{pmatrix} = \begin{pmatrix} x_1 \\ y_1 \end{pmatrix} + \begin{pmatrix} s \\ t \end{pmatrix} = \begin{pmatrix} a_{11} & a_{12} \\ a_{21} & a_{22} \end{pmatrix} \begin{pmatrix} x \\ y \end{pmatrix} + \begin{pmatrix} s \\ t \end{pmatrix}$$

（3）缩放

$$\begin{pmatrix} x_3 \\ y_3 \end{pmatrix} = \begin{pmatrix} b_{11} & b_{12} \\ b_{21} & b_{22} \end{pmatrix}\begin{pmatrix} x_2 \\ y_2 \end{pmatrix} = \begin{pmatrix} b_{11} & b_{12} \\ b_{21} & b_{22} \end{pmatrix}\left\{ \begin{pmatrix} a_{11} & a_{12} \\ a_{21} & a_{22} \end{pmatrix}\begin{pmatrix} x \\ y \end{pmatrix} + \begin{pmatrix} s \\ t \end{pmatrix} \right\}$$
$$= \begin{pmatrix} b_{11} & b_{12} \\ b_{21} & b_{22} \end{pmatrix}\begin{pmatrix} a_{11} & a_{12} \\ a_{21} & a_{22} \end{pmatrix}\begin{pmatrix} x \\ y \end{pmatrix} + \begin{pmatrix} b_{11} & b_{12} \\ b_{21} & b_{22} \end{pmatrix}\begin{pmatrix} s \\ t \end{pmatrix} \tag{5.3.4}$$

如果在变换的中间有加法（平移），等式就会变得非常复杂。如果我们把变换的顺序改为"平移、旋转、缩放"，就可以得到

$$\begin{pmatrix} x_3 \\ y_3 \end{pmatrix} = \begin{pmatrix} b_{11} & b_{12} \\ b_{21} & b_{22} \end{pmatrix}\begin{pmatrix} a_{11} & a_{12} \\ a_{21} & a_{22} \end{pmatrix}\begin{pmatrix} x \\ y \end{pmatrix} + \begin{pmatrix} b_{11} & b_{12} \\ b_{21} & b_{22} \end{pmatrix}\begin{pmatrix} a_{11} & a_{12} \\ a_{21} & a_{22} \end{pmatrix}\begin{pmatrix} s \\ t \end{pmatrix} \tag{5.3.5}$$

比较式（5.3.4）和式（5.3.5）可以看出，我们必须为每一次变换顺序的变化重写等式。换句话说，我们必须按照坐标变换的顺序重写每一个等式，这意味着不能用完整的程序来代替它们。

为了解决这个问题，我们使用了CG中一种叫作"齐次坐标"的方法。这是一种通过给二维坐标赋参数，如(wx, wy, w)[1]来表示二维坐标(x, y)的方法。参数w的值通常是"1"，所以正常坐标x和y的值与齐次坐标是相同的（见图5-18）。

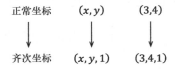

图5-18　齐次坐标

使用这些坐标，我们可以将一个图形的平移表示如下。

$$\begin{pmatrix} x' \\ y' \\ 1 \end{pmatrix} = \begin{pmatrix} 1 & 0 & s \\ 0 & 1 & t \\ 0 & 0 & 1 \end{pmatrix}\begin{pmatrix} x \\ y \\ 1 \end{pmatrix} = \begin{pmatrix} x+s \\ y+t \\ 1 \end{pmatrix}$$

当然，平移矩阵是3×3矩阵，而其余的变换矩阵为2×2矩阵，不能直接计算。表5-13显示了到目前为止本书所介绍过的二维变换矩阵用

1　三维空间坐标为$(x, y, z, 1)$，此时变换矩阵是一个4×4的矩阵。

3×3矩阵表示的方法。利用这一点，我们现在可以将所有的坐标变换以乘法形式呈现出来。

表5-13　齐次坐标表示变换矩阵

操作	变换矩阵
关于x轴的对称变换	$\begin{pmatrix} 1 & 0 & 0 \\ 0 & -1 & 0 \\ 0 & 0 & 1 \end{pmatrix}$
关于y轴的对称变换	$\begin{pmatrix} -1 & 0 & 0 \\ 0 & 1 & 0 \\ 0 & 0 & 1 \end{pmatrix}$
关于坐标原点的点对称	$\begin{pmatrix} -1 & 0 & 0 \\ 0 & -1 & 0 \\ 0 & 0 & 1 \end{pmatrix}$
关于直线y=x的对称变换	$\begin{pmatrix} 0 & 1 & 0 \\ 1 & 0 & 0 \\ 0 & 0 & 1 \end{pmatrix}$
缩放	$\begin{pmatrix} a & 0 & 0 \\ 0 & b & 0 \\ 0 & 0 & 1 \end{pmatrix}$
旋转	$\begin{pmatrix} \cos\theta & -\sin\theta & 0 \\ \sin\theta & \cos\theta & 0 \\ 0 & 0 & 1 \end{pmatrix}$
平移	$\begin{pmatrix} 1 & 0 & s \\ 0 & 1 & t \\ 0 & 0 & 1 \end{pmatrix}$

Try Python　**绘制平移图形**

代码5-4显示了本节前面用到的三角形ABC在x轴方向平移2，y轴方向平移3的程序。我们使用一个3×3的平移矩阵 $\begin{pmatrix} 1 & 0 & 2 \\ 0 & 1 & 3 \\ 0 & 0 & 1 \end{pmatrix}$。因此，三角形顶点的坐标也必须以相同的方式来表达，即(x, y, 1)，要用齐次坐标表示。

代码5-4中的①定义了变换前的坐标，是一个3×4的矩阵，如图5-19所示。程序执行结果见图5-20。

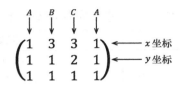

图5-19　用3×4矩阵定义顶点坐标

代码 5-4　图形的平移

```
1. %matplotlib inline
2. import numpy as np
3. import matplotlib.pyplot as plt
4.
5. # 三角形ABC的顶点（齐次坐标）
6. p = np.matrix([[1, 3, 3, 1], [1, 1, 2, 1], [1, 1, 1,1]] ) ← ①
7.
8. # 变换矩阵（平移）
9. A = np.matrix([[1, 0, 2], [0, 1, 3], [0, 0, 1]] )
10.
11. #变换
12. p2 = A * p
13. print(p2)
14.
15. # 绘图
16. p = np.array(p)
17. p2 = np.array(p2)
18. plt.plot(p[0, :], p[1, :])
19. plt.plot(p2[0, :], p2[1, :])
20. plt.axis('equal')
21. plt.grid(color='0.8')
22. plt.show()
```

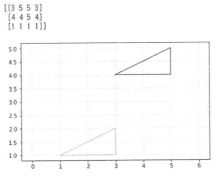

图5-20　代码5-4的执行结果

5.3.7　线性变换的组合

在上一小节中，我们已经提到过，3×3矩阵可以用于二维坐标变换的乘法运算。例如，如果原坐标为$(x, y, 1)$，平移矩阵为A，那么，变换后的坐标$(x_1, y_1, 1)$就可以表示为

$$\begin{pmatrix} x_1 \\ y_1 \\ 1 \end{pmatrix} = A \begin{pmatrix} x \\ y \\ 1 \end{pmatrix}$$

如果我们使用变换矩阵B来旋转它，变换后的坐标$(x_2, y_2, 1)$为

$$\begin{pmatrix} x_2 \\ y_2 \\ 1 \end{pmatrix} = B \begin{pmatrix} x_1 \\ y_1 \\ 1 \end{pmatrix} = BA \begin{pmatrix} x \\ y \\ 1 \end{pmatrix}$$

如果我们使用变换矩阵C对其进行缩放，变换后的坐标$(x_3, y_3, 1)$为

$$\begin{pmatrix} x_3 \\ y_3 \\ 1 \end{pmatrix} = C \begin{pmatrix} x_2 \\ y_2 \\ 1 \end{pmatrix} = CBA \begin{pmatrix} x \\ y \\ 1 \end{pmatrix}$$

仔细观察这3个等式，你是否发现了什么规律？

如果我们看一下每个等式的最右边，可以发现，乘法运算的最后一部分是原坐标。在原坐标左边的是第一个变换矩阵**A**，在更左边是第二个变换矩阵**B**，在最左边是最后一个变换矩阵**C**。换句话说，当我们组合几个坐标变换时，第一个变换是在乘法运算公式的右边。请注意，在大多数情况下，交换律对矩阵乘法并不成立。在上述例子中，

$$\textbf{\textit{CBA}} \neq \textbf{\textit{ABC}}$$

如果我们以错误的顺序进行乘法运算，将得到完全不同的结果。

Try Python　将图形先平移再旋转

代码5-5是将图5-21中的三角形*ABC*在*x*轴方向平移2，*y*轴方向平移3，然后将其逆时针旋转90°的程序。请注意乘法运算中各项的顺序。在代码5-5中，我们已经定义了一个用于平移的平移矩阵*A*和一个用于旋转的旋转矩阵*B*。在这种情况下，变换后的坐标就是"*B*×*A*×原坐标"（代码5-5，①）。结果如图5-22所示。

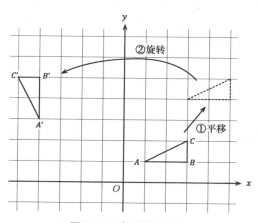

图5-21　先平移后旋转

代码 5-5　线性变换组合

```
1. %matplotlib inline
2. import numpy as np
3. import matplotlib.pyplot as plt
4.
```

```
 5. # 三角形ABC的顶点（齐次坐标）
 6. p = np.matrix([[1, 3, 3, 1], [1, 1, 2, 1], [1, 1, 1, 1]])
 7.
 8. # 变换矩阵
 9. A = np.matrix([[1, 0, 2], [0, 1, 3], [0, 0, 1]]) #平移
10. th = np.radians(90)
11. B = np.matrix([[np.cos(th), np.sin(-th), 0], [np.sin(th),
    np.cos(th),0], [0, 0, 1]]) # 旋转矩阵
12.
13. #变换
14. p2 = B * A * p#平移 -> 旋转              ← ①
15. print(p2)
16.
17. # 绘图
18. p = np.array(p)
19. p2 = np.array(p2)
20. plt.plot(p[0, :], p[1, :])
21. plt.plot(p2[0, :], p2[1, :])
22. plt.axis('equal')
23. plt.grid(color='0.8')
24. plt.show()
```

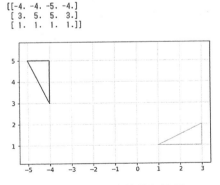

```
[[-4. -4. -5. -4.]
 [ 3.  5.  5.  3.]
 [ 1.  1.  1.  1.]]
```

图5-22　代码5-5的执行结果

尝试把代码5-5中的①替换为p2=A * B * p后执行。结果为先旋转90°，然后进行平移，执行结果如图5-23所示。

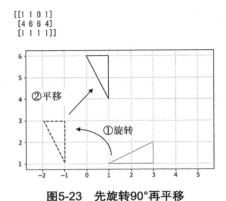

图5-23　先旋转90°再平移

专栏　变换矩阵的合并

在代码5-5中，我们定义了平移矩阵*A*，旋转矩阵*B*，原坐标*p*，通过p2 = B * A * p来计算变换后的坐标。

X = B * A ← 定义"平移和旋转"的变换矩阵

p2 = **X** * p ← 执行坐标变换

其计算内容是相同的。这是为什么呢？因为矩阵的乘法符合结合律。

在本章中，我们一直在使用NumPy的matrix()函数来定义3×n矩阵。我们可能要把所有的顶点变换为齐次坐标。在这种情况下，图5-24（a）所示的计算方法和图5-24（b）所示的计算变换矩阵方法，哪个的效率更高？

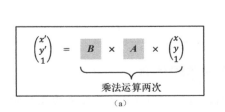

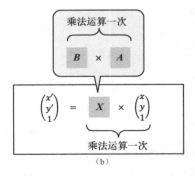

图5-24　两种计算方法比较

在图5-24（a）中，我们需要将每个顶点坐标乘两次；在图5-24（b）中，我们在进行了一次乘法运算后，只需要对每个顶点坐标再进行一次乘法运算，就可以把变换矩阵加起来。你可能在想："加两次不是一样吗？"但随着顶点数量的增加，乘法运算的次数也在变化，如表5-14所示。图5-24（b）进行的乘法运算次数较少，也就意味着计算速度更快。当我们必须在CG或CAM（计算机辅助制造）中快速绘制复杂的形状时，矩阵是一个非常强大的工具。

表5-14　乘法运算次数的差异

顶点的数量（n）	图5-24（a）运算次数 ($n×2$)	图5-24（b）运算次数 ($n×1+1$)
1	2	2
2	4	3
3	6	4
5	10	6
10	20	11
100	200	101

第6章

集合与概率

　　充分利用购物网站的浏览和购买历史、社交网站的日志和资料、交通卡的使用历史等取之不尽的大数据，在如今是非常平常的事情。那么，如何提取、分类以及分析我们需要的信息呢？这就需要用到集合的知识。

把这些大人物都集合到了一起

这么多!

6.1　集合

在日常生活中，我们用"集合"一词来指代有共同特征的一群人或一类事物。但在数学中，"集合"的概念与生活中的有一个明显的区别：具有相同属性的数据集才被称为"集合"。例如，"从1到10的自然数"是一个集合，但"一年中最热的一天"却不是。你看出来区别了吗？

区别就是前者肯定能从无限多的数字中找到1到10的自然数。但是，判断"一年中最热的一天"的标准是模糊的，不同人收集的数据会有差异，所以这不能称为集合。如果是仲夏日，或可以明确用"30℃以上""35℃以上"来区分的话，也可以称为集合。

6.1.1　集合的特点

在数学中，从1到10的自然数的集合用A = {1,2,3,4,5,6,7,8,9,10}表示，A为集合的名称，{ }中的单个值被称为元素。一个集合不能包含相同的元素（见图6-1）。而且，集合中的元素没有先后顺序。

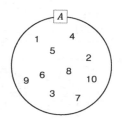

图6-1　集合的示意图

B = {1,3,2,5,4,6,7,10,9,8}也是一个"从1到10的自然数"的集合。在数学中，集合A和集合B是相等的。

Try Python **在Python中使用集合**

Python中用于处理集合的数据类型为set。比如

```
>>> A = { 1, 2, 3, 4, 5, 6, 7, 8, 9, 10 }
```

可通过如上形式定义集合。因为它的写法与数学中的写法相同，所以很容易记忆。现在让我们定义一个与集合A具有相同元素的集合B，但顺序不同，并将其与集合A进行比较。

```
>>> B = { 1, 3, 2, 5, 4, 6, 7, 10, 9, 8 }   ← 定义集合B
>>> A == B                    ← 判断集合A和集合B是否相等
True                          ← 显示的结果
```

由于集合中的元素没有先后顺序，所以集合A与集合B是"相等的"。另一件要确认的事情是，集合中的元素不能重复。

```
>>> A                            ← 输出集合A
{1, 2, 3, 4, 5, 6, 7, 8, 9, 10}  ← 显示的结果
>>> A.add(10)                    ← 将10添加到集合A中
>>> A                            ← 输出集合A
{1, 2, 3, 4, 5, 6, 7, 8, 9, 10}  ← 显示的结果
>>> len(A)                       ← 输出集合A中的元素数量
10                               ← 显示的结果
```

在第三行，我们执行了添加"10"的代码，但集合中的元素没有发生变化。记住，你可以通过倒数第二行的len()函数来确认集合中的元素数量。

6.1.2 各种集合

如果你问10个朋友，可能会分出"喜欢狗""喜欢猫"或"喜欢狗但不喜欢猫"等许多不同的群体。根据某些特定的条件进行分组，叫作集合运算。让我们看看在Python中的计算结果和图示（显示集合之间关系的图称为维恩图），看看我们可以创建什么样的集合。

全集、子集和补集

当集合A的所有元素都包含在集合U中时，集合A被称为集合U的子集，表示为

$$U \supset A$$

图6-2所示为全集、子集和补集的示意。

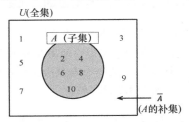

图6-2 全集、子集和补集

在Python中，可以使用 "<=" 来检查某个集合是否是另一个集合的子集。

```
>>> U = {1, 2, 3, 4, 5, 6, 7, 8, 9, 10}   ← 定义集合U
>>> A = {2, 4, 6, 8, 10}                    ← 定义集合A
>>> A <= U                          ← 检查集合A是否包含在集合U中
True                                ← 显示的结果（集合A是集合U的子集）
```

不包含在集合A中的元素的集合被称为集合A的补集，用以下方式表示。

$$\overline{A} = \{1, 3, 5, 7, 9\}$$

子集所属的集合U被称为全集，尽管在Python中没有运算符来计算补集，但它与从集合U中减去集合A是一样的。

交集

两个集合所共有的元素的集合被称为交集，如图6-3所示。

在Python中，可以使用&操作符来获得交集。

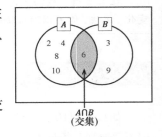

图6-3 交集

```
>>> A = {2, 4, 6, 8, 10}   ← 定义集合A
>>> B= {3, 6, 9}           ← 定义集合B
>>> A&B                    ← 集合A和集合B的交集
{6}                        ← 显示的结果
```

并集

由两个集合的所有元素组成的集合被称为并集，表示为

$$A \cup B$$

在Python中，我们可以使用 | 操作符来获得并集，如图6-4所示。

```
>>> A = {2, 4, 6, 8, 10}    ← 定义集合A
>>> B= {3, 6, 9}            ← 定义集合B
>>> A | B                   ← 集合A和集合B的并集
{2, 3, 4, 6, 8, 9, 10}      ← 结果显示
```

看了这个结果，你是否注意到什么？两个集合的共同元素只有一个（本例中为6）包含在并集中。这是因为集合是不包含重复元素的。在Python的set类型中，重复的元素也会被移除。

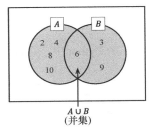

$A \cup B$
（并集）

图6-4　并集

差集

差集是一个集合减去另一个集合的结果。请注意，结果取决于是哪个集合减去哪个集合（见图6-5）。

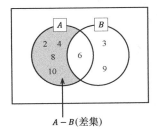

$A - B$（差集）

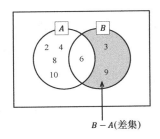

$B - A$（差集）

图6-5　差集

在Python中，可以用−运算符得到差集。

```
>>> A = {2, 4, 6, 8, 10}    ← 定义集合A
>>> B = {3, 6, 9}           ← 定义集合B
>>> A - B                   ← 集合A减去集合B
{2, 4, 8, 10}               ← 显示的结果
>>> B - A                   ← 集合B减去集合A
{3, 9}                      ← 显示的结果
```

对称差集

对称差集是取两个集合的差异部分（见图6-6）。

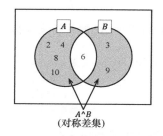

图6-6 对称差集

在Python中，可以使用 ^ 运算符来获得对称差集。

```
>>> A = {2, 4, 6, 8, 10}    ← 定义集合A
>>> B = {3, 6, 9}           ← 定义集合B
>>> A ^ B                   ← 集合A与集合B的对称差集
{2, 3, 4, 8, 9, 10}         ← 显示的结果
```

空集

有时集合运算的结果是一个没有任何元素的集合，这被称为空集。例如，$X = \{1,2,3\}$，$Y = \{4,5,6\}$，那么

$$X \bigcap Y = \varPhi$$

$\varPhi$ 是表示空集的符号。

```
>>> X = {1, 2, 3} ← 定义集合X
>>> Y = {4, 5, 6} ← 定义集合Y
>>> X & Y             ← 集合X与集合Y的交集
set()                 ← 显示的结果（空集）
```

6.1.3 集合和数据库

图6-7（a）显示的是通信录的数据，图6-7（b）显示的是为进行产品管理而收集的数据。两者都是"具有相同属性的明显可区分的数据集

合”。在计算机领域，这被称为数据库[1]。大数据不是数据库，因为在大多数情况下，大数据包含许多不同类型的数据，而且有许多不同的格式。

ID	姓名	电话号码	邮箱
1	山田　太郎	090-1234-xxxx	yamada@xxx.xx.jp
2	田中　花子	080-1111-xxxx	tanaka@xxxx.yy.jp
3	佐藤　桃子	090-8989-xxxx	sato@xxxx.abc.jp
4	田中　次郎	03-3210-xxxx	jiro@xx.bce.jp
5	佐々木　吾郎	070-4444-xxxx	sasaki@abcd.jp
6	伊藤　梅子	070-4321-xxxx	ume@yyyy.xx.jp
7	浦島　三郎	090-5555-xxxx	ura@dabc.xx.jp
8	青山　蘭子	03-3456-xxxx	ao@xxxx.zz.jp
9	鈴木　桜子	090-7890-xxxx	sakura@alkj.xx.jp
10	中村　史郎	080-6543-xxxx	siro@werf@yy.jp

（a）

商品编号	商品名	单价
S001102	薯条	250
Y110234	巧克力	300
W121034	甜品	150
S832423	脆饼	300
C221354	冰激凌	200
Y111023	饼干	300
W123193	羊羹	800
C298011	冰糕	300
Y112134	糖果	150
Y102931	口香糖	150

（b）

图6-7　数据库表

事实上，数据库和集合之间存在着非常密切的关系。首先，数据库有一个规则，即同一数据不得存储两次。如果同一个人在图6-7（a）的通信录列表中登记了好几次，就很难知道哪一个是正确的。如果你在“山田先生”之后录入“伊藤先生”，联系人信息仍将以同样方式保存。

我们不需要深入研究数据库的细节，但需要记住：从大量信息（如大数据）中提取必要的信息，建立数据库，然后对这些数据进行分析和使用是非常有用的（见图6-8）。

①建立一个数据库

ID	姓名	性别	出生地
1	山田　太郎	男性	東京都
2	田中　花子	女性	大阪府
3	佐藤　桃子	女性	京都府
4	田中　次郎	男性	東京都
5	佐々木　吾郎	男性	大阪府
6	伊藤　梅子	女性	神奈川県
7	浦島　三郎	男性	東京都
8	青山　蘭子	女性	東京都
9	鈴木　桜子	女性	神奈川県
10	中村　史郎	男性	大阪府

②提取

条件A：出生地是东京都

ID	姓名	性别	出生地
1	山田　太郎	男性	東京都
4	田中　次郎	男性	東京都
7	浦島　三郎	男性	東京都
8	青山　蘭子	女性	東京都

条件B：男性

ID	姓名	性别	出生地
1	山田　太郎	男性	東京都
4	田中　次郎	男性	東京都
5	佐々木　吾郎	男性	大阪府
7	浦島　三郎	男性	東京都
10	中村　史郎	男性	大阪府

③分析

$A \cap B$：来自东京的男性

ID	姓名	性别	出生地
1	山田　太郎	男性	東京都
4	田中　次郎	男性	東京都
7	浦島　三郎	男性	東京都

$A - B$：来自东京的女性

ID	姓名	性别	出生地
8	青山　蘭子	女性	東京都

图6-8　分析数据

1　准确地说，图6-7显示的是“表”，是数据库的组成部分之一。表是一个容器，以表格的形式管理数据。

6.2 排列与组合

如果明天天气好，我们就去爬山；如果下雨，我们就去看电影。我们在日常生活中经常使用"如果"一词。在程序的世界里，我们也经常使用if语句。那么，你的if声明是否为"万一"发生的情况做足了准备呢？

计算机是一台机器，它是完全按照程序的要求来工作的。它不会做任何没有写在程序中的事情。你应该能够写下所有可能发生的事件，以便在某些事件"万一"发生时计算机不会停止工作。

6.2.1 事件数

掷骰子有6种可能的结果：1、2、3、4、5、6。而抛硬币有两种可能的结果：正面或反面。这个可能的结果的数量被称为事件数。正如"事件"一词所暗示的，这个数字因事件而异。如果只有一个骰子，就有6种可能的结果；但如果有两个骰子，就有21种可能的结果；如果抛两枚硬币，就有3种可能的结果（见图6-9）。

两个骰子

	1	2	3	4	5	6
1	○	○	○	○	○	○
2	—	○	○	○	○	○
3	—	—	○	○	○	○
4	—	—	—	○	○	○
5	—	—	—	—	○	○
6	—	—	—	—	—	○

两枚硬币的正面和反面

	正	反
正	○	○
反	—	○

图6-9　事件数

"试验"和"事件"之间的关系

在数学的世界里，可以在相同条件下重复，且其结果取决于机会的实验或观察被称为试验，而试验的结果被称为事件。简单来说，掷骰子的行为是一种试验，试验的结果是一种事件。

6.2.2 求事件数的方法

从太郎家到花子家有3条路，从花子家到公园有2条路，从太郎家到公园还有另外2条路。从太郎家到公园有多少条路？如果画一张图6-10所示的图，你可以找到答案，但让我们试着通过计算来解决这个问题。

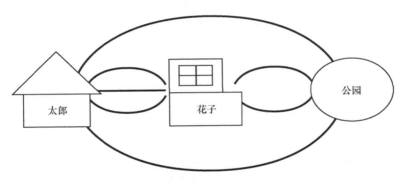

图6-10　从太郎家到公园

乘法原理

如果有两个事件A和B，并且A有a种方式，B有b种方式，对于每个事件来说，事件数就是

$$a \times b$$

事件数可以通过乘法计算。在这个例子中，从太郎家到花子家有3条路，从花子家到公园有2条路，那么

$$3 \times 2 = 6$$

从太郎家经花子家到公园共有6种方式。

加法原理

假设有两个事件，A和B，而A和B只能有其中一个发生。如果A有a种可能发生的方式，B有b种可能发生的方式，那么，A或B可能发生的方式的数量可以通过加法求出

$$a+b$$

在如何前往公园的例子中，

事件A：从太郎家经花子家到公园有6种方式。

事件B：直接从太郎家到公园有2种方式。

由于事件A和B中只有一个可能发生，所以事件的总数为

$$6+2=8$$

这意味着从太郎家到公园一共有8条路。这与我们通过画图（见图6-10）得出的数量相同。

`Try Python` **集合的元素数量**

从1到10的自然数中，有多少是2或3的倍数？使用6.1.2小节中描述的操作，很容易求出。

```
>>> A = {2, 4, 6, 8, 10}    ← 定义集合A
>>> B = {3, 6, 9}           ← 定义集合B
>>> len(A | B)              ← 并集中的元素数（A或B）
7                           ← 显示的结果
```

事件数是求概率所需的数值。通过图例和列表，并通过使用乘法原理、加法原理，以及在某些情况下使用集合中的元素数量，可以很容易算出总共有多少种事件数。

6.2.3 排列

数字1、2和3可以组成多少个三位数呢？而且，其中不可以有两位数字是相同的。这个问题可以通过图6-11所示的方式来轻松解决。这种

图被称为树状图[1]，因为它看起来像一棵树。

1,2,3,4,5这几个数字可以组成多少个三位数？如果有人问你这个问题，你会怎么做？你可以画一个图6-12所示的列表，但这太耗费时间了。

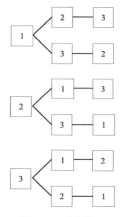

123	213	312	412	512
124	214	314	413	513
125	215	314	413	514
132	231	321	421	521
134	234	324	423	523
135	235	325	425	524
142	241	341	431	531
143	243	342	432	532
145	245	345	435	534
152	251	351	451	541
153	253	352	452	542
154	254	354	453	543

图6-11　树状图　　　　图6-12　只用数字1～5组成的三位数

这道题问的是，1～5的数字各只用一次，可以组成多少个三位数。让我们一位一位地想一想。首先，有5个数字可以设为百位数，即1～5。问题中要求不能使用相同的数字，所以有4个数字可以设为十位数，即不包括用于百位的数字；有3个数字可以设为个位，即不包括用于百位和十位的数字。由于这些事件是同时发生的，所以可以利用乘法原理。

$$5×4×3=60$$

这种排序在数学中被称为排列，其表示方法如下。

P是permutation的首字母缩写，P_n^r 是指"从n个中选择r个并按顺序排列时的事件数[2]"，可以用

$$P_n^r = n×(n-1)×(n-2)×(n-3)×...×(n-r+1) \qquad (6.2.1)$$

计算得出（见图6-13）。

1　重要的是，通过绘制树状图不会有遗漏，而且不会重复。如本例中，如果使用数字，最好将数字按从小到大的顺序排列，以避免遗漏或重复。在其他情况下，将数字按特定顺序排列也是个好办法。

2　这种情况下也称为排列数。

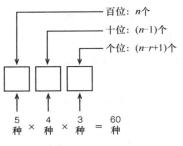

百位: n个

十位: $(n-1)$个

个位: $(n-r+1)$个

5 种 $\times$ 4 种 $\times$ 3 种 $=$ 60 种

图6-13　计算排列数

Try Python　　求排列数的程序

可以使用itertools库中的函数求排列和组合。例如，求出用数字1～5组成的三位数的个数，可以使用以下程序。

```
>>>import itertools
>>> num = {1, 2, 3, 4, 5}  ← 定义数据
>>> A = set(itertools.permutations(num, 3))
                    ← 从num中选择3个数字生成排列
>>> len(A)              ← 确认A中的元素数
60                      ← 显示的结果
>>> for a in A:          ← 循环访问A的所有元素
...      print(a)        ← 内容元素输出到屏幕上
...
(1, 2, 3)              ← 结果显示如下
(1, 2, 4)
(1, 2, 5)
（此处省略部分结果）
(5, 4, 1)
(5, 4, 2)
(5, 4, 3)
```

数据被定义在第二行。在这个例子中，我们使用了集合，但列表和元组也同样适用。如果我们想使用其中的3个数字，那么排列的数量将是

itertools.permutations(num,3)

第一个参数定义的是数据的集合，第二个参数指定选择多少个数字。注意，permutations()函数的运算结果采取了迭代器对象的特殊形式。为了方便访问每个元素，上面的例子使用了

A = set(itertools.permutations(num,3))

　　我们将结果转换为一个集合，并将其赋给A，然后就可以用len()函数来检查元素的数量。因为篇幅有限，我们省略了部分结果，但你可以在屏幕上看到60个数字的排列。

6.2.4 阶乘

　　用数字1、2、3、4、5可以组成多少个五位数？而且不能有相同的数字？如果我们使用5个数字，并把它们进行排列，那么利用式（6.2.1），可以得到

$$P_5^5 = 5 \times 4 \times 3 \times 2 \times 1 = 120$$

　　注意看这个等式，它是一个从1到5的连乘。

　　自然数从1到n的连乘，在数学上称为阶乘，表示为

$$n! = n \times (n-1) \times (n-2) \times ... \times 3 \times 2 \times 1$$

　　5的阶乘用"$5 \times 4 \times 3 \times 2 \times 1$"表示。换句话说，如果式（6.2.1）中的$n$和$r$相同，则排列的数量为

$$P_n^r = n \times (n-1) \times (n-2) \times ... \times 3 \times 2 \times 1 = n!$$

　　排列的数量可以用阶乘来表示。

　　这里有一个有趣的排列，可以用阶乘来计算。问题是：n个人有多少种方式可以围坐在一张圆桌旁？例如，有5种不同的方式将A、B、C、D、E这5个人安排在一排。那么，

$$P_5^5 = 5 \times 4 \times 3 \times 2 \times 1 = 120$$

　　但是，由于是圆桌，即使座位位置改变，图6-14中显示的顺序也是一样的。

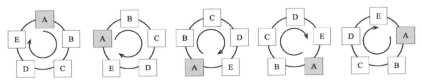

图6-14　圆桌上的座位顺序

现在让我们来固定A的位置。那么，接下来我们只需要考虑其他4个人的位置（见图6-15）。

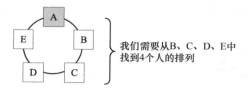

我们需要从B、C、D、E中找到4个人的排列

图6-15　固定A的位置

我们需要从B、C、D、E中找到4个人的排列。这种排列被称为"循环排列"，其排列数为

$$(n-1)!$$

另外，如果不区分左和右，这种排列被称为"顺序排列"。其排列数为

$$\frac{(n-1)!}{2}$$

`Try Python`　**计算阶乘**

使用itertools库中的permutations()函数，求5的阶乘

```
>>> num = {1, 2, 3, 4, 5}                    ← 定义数据
>>> A = set(itertools.permutations(num, 5))
                              ← 从num中选择5个数进行排列
>>> len(A)                    ← A中的元素个数
120                           ← 显示的结果
```

这是一种求5个数的排列数的方法，与计算阶乘略有不同。

要在Python中计算阶乘，可以使用math模块中的factorial()函数。

```
>>> import math
>>> math.factorial(5)  ← 计算5的阶乘
120                    ← 显示的结果
```

6.2.5　重复排列

　　用数字1、2、3、4、5可以组成多少个三位数？现在我们假设可以使用同样的数字。111、112、113……要按顺序写出这些数字是很困难的。

　　在这种情况下，我们可以用允许使用相同数字的重复排列。

$$\prod_{n}^{r} = n^r$$

　　这样就可以计算出可能的排列数（见图6-16）。

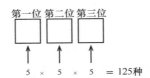

图6-16　计算重复排列的排列数

Try Python　**用程序求重复排列的排列数**

　　重复排列的排列数可以用itertools模块中的product()函数来计算。

```
>>> num = {1, 2, 3, 4, 5}              ← 定义数据
>>> A = set(itertools.product(num, num, num))
                                       ← 从num中选择3个进行重复排列
>>> len(A)                             ← A中的元素数
125                                    ← 显示的结果
>>> for a in A:
...     print(a)                       ← 将元素输出到屏幕上
...
(1, 1, 1)                              ← 以下是显示的结果
(1, 1, 2)
(1, 1, 3)
（此处省略部分结果）
(5, 5, 3)
(5, 5, 4)
(5, 5, 5)
```

　　当我们使用product()函数来计算一个重复排列的排列数时，应该注

意参数。如果我们用数字1~5组成一个三位数，可以使用 $\prod\limits_5^3$ 计算出排列数。要将一个定义的数字乘以3次，所以需要3个参数。

6.2.6 组合

我们要从1、2、3、4、5中选择3个数字，有多少种选择方法呢？问题是在不考虑数字顺序的情况下，找出从5个数字中选择3个数字的方法有多少。这被称为"组合"，它不关心数字的顺序，只关心选择它们的方式。在数学中用如下方式表示。

$$C_5^3$$

C是"combination"的首字母缩写，C_n^r 的意思是"在不考虑顺序的情况下，我们从n个数中取出r个的事件数[1]"。用如下公式进行计算。

$$C_n^r = \frac{P_n^r}{r!} \tag{6.2.2}$$

分子中的" P_n^r "指的是从n个数中取出r个按顺序排列的排列数。分母" $r!$ "是将选定的r个数按顺序排列的排列数，以消除顺序排列的部分。让我们看一下图6-17，并尝试对计算过程进行理解。

1,2,3	1,3,2	2,1,3	2,3,1	3,1,2	3,2,1	← 数字相同但顺序
1,2,4	1,4,2	2,1,4	2,4,1	4,1,2	4,2,1	不同的数字
1,2,5	1,5,2	2,1,5	2,5,1	5,1,2	5,2,1	
1,3,4	1,4,3	3,1,4	3,4,1	4,1,3	4,3,1	
1,3,5	1,5,3	3,1,5	3,5,1	5,1,3	5,3,1	
1,4,5	1,5,4	4,1,5	4,5,1	5,1,4	5,4,1	
2,3,4	2,4,3	3,2,4	3,4,2	4,2,3	4,3,2	
2,3,5	2,5,3	3,2,5	3,5,2	5,2,3	5,3,2	
2,4,5	2,5,4	4,2,5	4,5,2	5,2,4	5,4,2	
3,4,5	3,5,4	4,3,5	4,5,3	5,3,4	5,4,3	

5个数中选择3个进行组合

图6-17 从1~5中选择3个数的排列

---

1 这种情况下也称为组合数。

图6-17显示了从5个数中选3个数的所有顺序排列，总共有

$$P_5^3 = 5 \times 4 \times 3 = 60$$

然而，组合是不考虑顺序的。在图6-17中，因为阴影区域的组合都是 "1" "2" "3"，只是顺序不一样，我们必须将其视为一种。

选3个的排序的方法共有

$$3! = 3 \times 2 \times 1 = 6$$

换句话说，"从5个数中选择3个，有6种选择方法"。用一个公式来表示就是

$$C_5^3 \times 3! = P_5^3$$

进行转换可以得到

$$C_5^3 = \frac{P_5^3}{3!} = \frac{60}{6} = 10$$

我们得到10种可能的组合。

Try Python　**求组合的数量**

我们使用itertools模块的combination()函数来求组合的数量。从1~5中选择3个数字，可以用如下代码。

```
>>> num = {1, 2, 3, 4, 5}          ← 定义数据
>>> A = set(itertools.combinations(num, 3))
                                    ← 从num中选择3个数字进行组合
>>> len(A)                          ← 确认有多少种组合
10                                  ← 显示的结果
>>> for a in A:
...     print(a)                    ← 将结果元素输出到屏幕上
...
(2, 3, 5)                           ← 以下为显示的结果
(1, 2, 3)
(1, 3, 5)
(1, 4, 5)
(1, 2, 4)
(1, 3, 4)
(2, 4, 5)
```

```
(3, 4, 5)
(2, 3, 4)
(1, 2, 5)
```

在6.2.1小节中，我们提到当掷出两个骰子时，有21种可能的结果。我们已经在图6-9中看到了可能的结果。

让我们考虑两个不同数字的骰子的组合。我们可以从"1""2""3""4""5""6"这6个数字中选择2个，即求C_6^2。

```
>>> dice = {1, 2, 3, 4, 5, 6}          ← 定义骰子的面
>>> A = set(itertools.combinations(dice, 2)) ← 从骰子中选择2个进行组合
>>> len(A)                             ← 有多少种组合
15                                     ← 显示的结果
```

两个骰子有6种方式可以相同："1，1""2，2""3，3""4，4""5，5"和"6，6"。这两个事件不可能同时发生，所以通过使用加法原理，共有15+6=21种组合数。

6.3　概率

你听说过"机器学习"一词吗？机器学习是通过让计算机从大量数据中反复学习以此优化自身性能的技术。机器学习被用于许多我们熟悉的应用中，如购物网站上的"推荐产品"，或"文字识别工具"。如果你对机器学习感兴趣，那就应该熟悉"概率"和"随机数"这两个概念，它们也是机器学习的基础知识。

6.3.1　求概率的方法

掷骰子得到"1"的概率是$\frac{1}{6}$，明天降水的概率是20%，抽奖中一等奖的概率是……

我们在日常生活中经常使用"概率"一词，但在数学世界中，它被

定义为"在某一试验的所有可能结果中，某一事件出现的可能性"。"试验"一般重复多次，如"掷骰子"或"抛硬币"，其结果不定；而"事件"是试验的结果，如"掷骰子结果为1"或"硬币正面朝上"。换句话说，如果事件A定义为掷骰子结果为"1"，那么事件A的概率可以用如下公式表示。

$$p = \frac{\text{事件A发生的事件数}(a)}{\text{所有事件发生的事件数}(N)} \qquad (6.3.1)$$

我们经常使用"p"来表示概率。这是英文probability（概率）的缩写。我们用式（6.3.1）来计算掷骰子得到"1"的概率，其含义是经过多次试验后，掷骰子得到"1"的概率约为 $\frac{1}{6}$。

另外，概率的范围必须是

$$0 \leqslant p \leqslant 1$$

如果概率 p 为"0"，这意味着该事件不太可能发生。相反，如果 p 为"1"，这意味着事件肯定会发生。

Try Python　**尝试计算概率**

如果我们多次掷骰子，结果为1的概率是 $\frac{1}{6}$。让我们看看这是否准确。

代码6-1是一个计算掷骰子 n 次后得到1的概率的程序。程序中使用随机数来替代掷骰子。我们将在第7章介绍更多关于随机数的内容，现在只要记住"计算机世界使用随机数而不是骰子"就可以了。当我们运行这个程序时，得到的概率应该是0.16666（$= \frac{1}{6}$）。

代码 6-1　骰子掷出 1 的概率

```
1. import random
2.
3. # 掷骰子
4. cnt= 0 # 掷出1的次数
5. for i in range(10000):
6.     dice = random.randint(1, 6)      ←①
7.     if dice==1:
8.         cnt += 1
```

```
 9.
10. # 求概率
11. p = cnt / 10000
12. print(p)
```

①的for循环使得下面的处理要重复10000次。这里没有掷骰子，而是运行dice = random.randint(1,6)来随机选择1～6中的任何一个整数，看是否为1。当这个值为1时，我们可以通过在cnt上加1来计算得到1的次数。

　　p=cnt / 10000

现在我们用结果为1的数量除以试验次数，就可以计算出概率[1]。请注意，我们每次运行代码6-1时，结果都会略有不同。原因是randint()函数"选择"的值每次都会"改变"。这与现实世界中的掷骰子是一样的。

我们如何计算骰子每个面出现的概率？

除非我们对骰子做手脚，否则骰子6个面出现的概率都是$\dfrac{1}{6}$。因此，如果我们把掷骰子的任何可能结果的概率加起来，即骰子出现"1""2""3""4""5"和"6"的概率相加，结果应该为1。

$$\frac{1}{6}+\frac{1}{6}+\frac{1}{6}+\frac{1}{6}+\frac{1}{6}+\frac{1}{6}=1$$

代码6-2是确认这个结论的程序。

代码6-2　所有事件发生的概率

```
 1. import random
 2.
 3. # 掷骰子
 4. hist = [0] * 7
 5. for i in range(10000):
 6.     dice = random.randint(1, 6)
 7.     hist[dice] += 1
 8.
 9. # 求概率
10. p = [0] * 7
11. for i in range(1, 7):
```

1　在一些Python环境中，整数和整数计算的结果仍是整数。如果结果是0，我们应该除以10000.0。

```
12.      p[i] = hist[i] / 10000
13.      print(i, p[i] )
14.
15. # 将概率相加
16. print('------------------\n' + str(sum(p)))
```

第四行的hist = [0] * 7得到一个列表[0, 0, 0 ,0, 0, 0, 0]。我们不使用第一个元素，而是用hist[1]来计算结果为1的数量，用hist[2]来计算结果为2的数量……同样，p代表用来计算每个数字被找到的概率。那么，sum(p)表示把所有事件的概率加起来，结果非常接近于1.0[1]（见图6-18）。

```
1 0.1644
2 0.1688
3 0.1652
4 0.163
5 0.1683
6 0.1703
------------------
1.0
```

图6-18　代码6-2的执行结果

6.3.2 数学概率与统计概率

掷骰子得到1的概率为$\frac{1}{6}$，抛硬币得到"正面朝上"的概率为$\frac{1}{2}$。只要骰子和硬币不变形，我们应该期待这些事件以大致相同的概率发生，这称为"同等可能性"。事件A发生的概率p被称为"数学概率"。

那么，对于"今天12:00～18:00的降雨概率"，应该怎么说呢？是否降雨会根据当天的天气状况变化。降雨概率是根据历史数据计算的，因此会随着数据的增加而发生变化。这样的数值被称为统计概率。计算统计概率的公式是

$$p = \frac{过去事件A发生的次数(a)}{过去发生的所有次数(N)}$$

---

1 任何用实数进行的计算都会有误差，见1.5.4小节。

必须记住统计概率与6.3.1小节中的式（6.3.1）的区别。

6.3.3 乘法原理与加法原理

7个抽奖签中有2个是中奖。假设房间里除了你还有2个人，3个人轮流抽签，你是第几个抽呢？显然，大家都想成为中奖概率最高的那个人。然而，不管是第一个、第二个还是最后一个抽，中奖概率都是相同的。让我们通过观察图6-19来计算各自的概率。

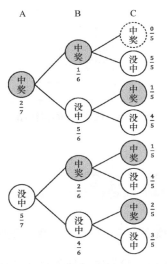

图6-19　抽签的顺序

当我们按照A、B、C的顺序抽签时，A的中奖概率是 $\frac{2}{7}$。B的中奖概率取决于A是否中奖。当A中奖时，剩下6个签中有一个是中奖签，B中奖的概率是 $\frac{1}{6}$；如果A没有中奖，还剩下两个中奖签，那么，B中奖的概率就是 $\frac{2}{6}$。这个数字与剩下的中奖签的数量有关。为了得到真实的概率，我们必须考虑A中奖的结果。

我们可以根据乘法原理来计算A和B都能中奖的概率。

$$\frac{2}{7} \times \frac{1}{6} = \frac{2}{42}$$

同样，A没中奖而B中奖的概率是

$$\frac{5}{7} \times \frac{2}{6} = \frac{10}{42}$$

由于这两个事件不可能同时发生，我们现在应用加法原理求概率。

$$\frac{2}{42} + \frac{10}{42} = \frac{12}{42} = \frac{2}{7}$$

这就是第二个抽签的B中奖的概率，和第一个抽的A中奖的概率也是相同的。

我们用同样的方法来计算C中奖的概率。这里省略具体过程，结果仍然是一样的。换句话说，无论按什么顺序抽签，中奖概率都是一样的。

Try Python　**求第三个抽签的人中奖的概率**

我们可以使用fractions库的Fraction类来计算Python中的分数，代码如下。

```
>>> from fractions import Fraction
>>> Fraction(1, 6)      ← 分子为1、分母为6的分数
Fraction(1,6)           ← 显示的结果（与1/6相同）
```

现在让我们检查一下，第三个抽签的人的中奖概率是否真的是 $\frac{2}{7}$。由于这3个事件不可能同时发生，我们将概率相加，得到第三个人中奖的概率。

```
>>> x = Fraction(2, 7) * Fraction(5, 6) * Fraction(1, 5)
                        ← 事件X(A中→B没中→C中)
>>> y = Fraction(5, 7) * Fraction(2, 6) * Fraction(1, 5)
                        ← 事件Y(A没中→B中→C中)
>>> z = Fraction(5, 7) * Fraction(4, 6) * Fraction(2, 5)
                        ← 事件Z(A没中→B没中→C中)
>>> p = x + y + z       ← 在X、Y和Z有一个中的概率
>>> p
Fraction(2, 7)          ← 显示的结果 (2/7)
```

6.3.4 蒙特卡洛法

最后，我们想介绍一些使用概率的有趣计算。"蒙特卡洛"是摩纳哥以赌场闻名的地区。尽管从"赌场"到"概率"似乎有点跳跃，但利用蒙特卡洛法可以解决与概率相关的问题。最典型的例子之一就是求圆周率。

图6-20显示了一个半径为50的圆及它的外接正方形。因为圆的半径是50，所以正方形的边长是100（50×2）。我们可以通过在正方形中随机放入一个点来求圆周率。

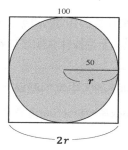

图6-20　一个圆和它的外接正方形

圆的面积是 πr^2，圆的外接正方形的面积是 $4r^2$（$2r \times 2r$），所以当我们随意放一个点在图6-20中的正方形中时，该点在圆内的概率p是

$$p = \frac{\text{圆的面积}}{\text{正方形的面积}} = \frac{\pi r^2}{4r^2} = \frac{\pi}{4}$$

将此方程进一步变换，可以得到

$$\pi = 4p$$

由此我们可以求出圆周率。

Try Python　　**用蒙特卡洛法计算圆周率**

代码6-3显示了使用圆和外接正方形来求圆周率的程序。图6-21所

示为执行结果。

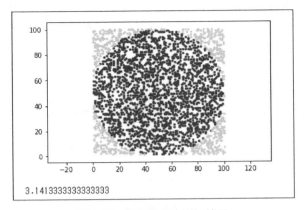

图6-21　代码6-3的执行结果

代码6-3　计算圆周率

```
1. %matplotlib inline
2. import matplotlib.pyplot as plt
3. import random
4. import math
5.
6. #放一个点
7. cnt=0
8. for i in range(3000):
9.     x = random.randint(1, 100)          ]←①
10.    y = random.randint(1, 100)
11.    d = math.sqrt((x-50)**2 + (y-50)**2) # 圆心与放入点之间的距离
12.        if(d <= 50 ):
13.            cnt += 1                         # 计算圆内的点
14.            plt.scatter(x, y, marker='.' , c='r')# 绘制红色的点
15.        else:
16.            plt.scatter(x, y, marker='.' , c='g')
                                                # 绘制绿色的点
17. plt.axis('equal')
18. plt.show()
19. # 求圆周率
20. p = cnt / 3000                    # 点在圆内的概率
21. pi = p * 4                        # 圆周率
22. print(pi)
```

代码中的①是随机放入点的程序。在代码6-3中，使用randint()函数选择了从1到100的值。如果我们把绘图区的圆心定为(50,50)，那么所放入的点和圆心之间的距离d就可以用勾股定理来计算（见图6-22）。

```
d = math.sqrt((x-50)**2 + (y-50)**2)
```

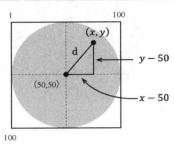

图6-22　圆心与放入点之间的距离

如果我们在这里计算的距离小于或等于50，点就在圆内，所以把cnt加1。

放完所有的点之后，用cnt除以试验数，就可以得到概率。将其乘以4，得到圆周率。我们尝试的次数越多，精确度就越高，但得到结果的时间也越长。通过注释掉代码6-3中的绘图处理部分，我们可以跳过点的绘制操作，从而加快进程，这样就可以尝试更精确的计算。

第 7 章

统计和随机数

　　今天 12:00～18:00 降雨概率为 30%。正如我们在第 6 章中已经看到的，降雨概率是根据过去的数据计算出来的值。简单来说，它意味着"在与今天类似的气象条件下，过去降雨的概率是 30%，所以今天也是 30%"。这其实就是统计，它是对过去数据的分析，以量化意义、趋势或规律。为了从如今的大数据中获得数据所包含的意义，我们有必要掌握统计学知识。

7.1 什么是统计

你刚刚在数学考试中得了75分，本来很想吹嘘一下，因为这个分数相对平均分是偏高的——平均分是70。但等一下……这有可能不是真的。后面我们会解释原因。当我们看统计数据的时候，也应该要注意数据的总体。如果我们只看数据个体而不看总体，可能会做出错误的决定。即使是正确的数据，如果使用方式错误，结果也可能是错误的——这就是"统计学"。

7.1.1 总体与样本

你认为确定20多岁的日本男性平均身高的最佳方法是什么呢？截至2018年12月，20岁左右的日本男性人口数约为609万。是否有可能计算出他们的确切身高呢？我们通常会测量部分20多岁的日本男性的身高，并以他们身高的平均值作为20多岁日本男性的平均身高（见图7-1）。

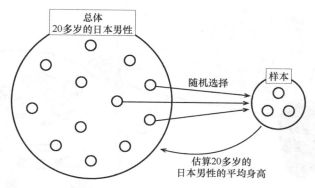

图7-1　总体与样本

在统计学的世界里，我们把想要覆盖的总体数据称为总体。然而，如果总体太大，不能把所有数据全部包含的话，我们可以随机选择其中的一部分来预测总体的情况。随机选择的数据称为样本。研究从样本推断总体情况的学科就是"推断统计学"。为了处理大量的数据，我们需要了解总体与样本之间的区别。在一个完整的数据集中，比如我们刚才讨论的考试分数，我们不需要选择大量样本。在本章中，除非另有说明，我们将使用总体作为各种计算的基础。

Try Python　**读取CSV文件**

本书中我们以图7-2所示的CSV格式[1]文件提供样本。第一行为标题，第二行及以后为数据内容。这里我们将展示如何使用Pandas库[2]中的read_csv()函数从这个文件中读取数据，如代码7-1所示。在数据分隔采用制表分隔符的情况下，使用read_table()函数而不是read_csv()函数。

```
数学,物理
75,60
30,85
50,55
85,70
45,60

（省略）

85,80
50,65
90,85
85,90
95,80
```

图7-2　score.csv的内容

代码 7-1　读取 CSV 文件

```
1.import pandas as pd
2.
3. # 读取score.csv
```

1　这些是文本文件，用逗号（,）或制表符分隔，可以用Excel编辑。

2　一个用于数据分析的库，包含在Anaconda中。

```
4. dat = pd.read_csv('score.csv', encoding='SHIFT-JIS')
5. dat.head() # 检查内容
```

　　read_csv()函数的第一个参数是文件名，如果CSV文件在与该程序不同的文件夹中，例如CSV文件在桌面上，可以用"'C:\用户\桌面\score.csv'"的方式指定路径。路径的分隔符为"\"[1]。第二个参数是字符编码方式[2]。这里是SHIFT-JIS，以便读取用日语书写的列标题。

	数学	物理
0	75	60
1	30	85
2	50	55
3	85	70
4	45	60

图7-3　代码7-1的执行结果

　　read_csv()函数可以一次性读取文件中的所有数据，并将它们分配给一个变量。dat.head()将检查前5条数据，如图7-3所示。

　　如果我们想引用单个数据，可以使用

```
dat['数学'][0]
```

在这种情况下，我们指的是第一条数据。

```
dat['数学']
```

指代所有的数据。

7.1.2　观察数据的离散程度

　　图7-4中的直方图显示了截至2018年12月，以10年为间隔的日本人口统计数据。在统计学领域，这被称为频率分布直方图。频率分布中的"分布"一词是指"扁平化的状态"。换句话说，直方图是一个可以一目了然地显示数据离散程度的图表。我们也称它为分布曲线，它可以用平滑曲线表示数据的离散程度。

1　在macOS中，目录由斜线（/）分隔。

2　请参阅1.6.1小节，了解更多关于字符处理的信息。

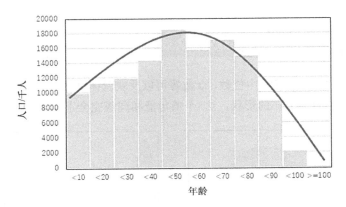

图7-4　直方图

直方图可以有各种形状，如图7-5所示。

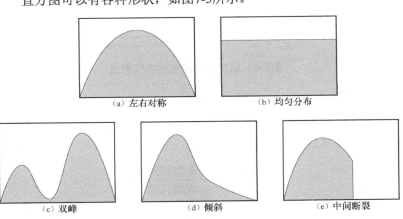

图7-5　直方图的各种形状

图7-5（a）中的分布是对称的，被称为"正态分布"。众所周知，我们周围的许多事物都是这种分布情况，如按年龄划分的身高和体重，樱花的开花日期和雨季的开始日期，工厂生产的饭团和工业产品的长度与质量等。图7-5（b）是均匀分布。这就是骰子在掷出数百次后的分布情况。当我们分析一个群体的特征时，频率分布的形状非常重要：如果分布有图7-5（a）或图7-5（b）这样的形状，平均数是有意义的，但如果分布有图7-5（c）、图7-5（d）或图7-5（e）这样的山形倾斜，我们应该小心。要记住，平均值并不意味着它是总体的一般值。

7.1.3 平均值、中位数和众数

总体的平均值、中位数、众数等可以反映总体分布的值被称为代表值。根据总体分布的形状，这3个值可能相同或完全不同（见图7-6）。

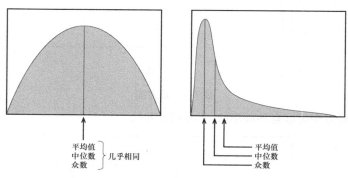

图7-6　总体分布的形状和代表值

平均值

正如"平均"一词所表示的，我们将所有数据相加，并除以数据的总量得到的就是"平均值"。

$$平均值 = \frac{所有数据的和}{数据总量}$$

在图7-5（c）、图7-5（d）和图7-5（e）的情况下，平均值不是总体的概括。平均值也受到极端值的强烈影响。让我们试着找出"1、2、3、4、5"和"1、2、1、2、9"的平均值。

```
>>> (1+2+3+4+5) / 5    ← 1、2、3、4、5的平均值
3.0                    ← 显示的结果
>>> (1+2+1+2+9) / 5    ← 1、2、1、2、9的平均值
3.0                    ← 显示的结果
```

两种情况的答案都是"3"，但后者明显受到了最大数"9"的影响。为了消除极端值的影响，在花样滑冰和体操等评分制的体育比赛中，会去掉裁判给出的最低分和最高分，然后用剩余数据的平均值来计算分数。

中位数

中位数是指在数据中处于中间位置的数值，按递减顺序排列。它有时被称为中间值。数据个数为奇数时，第 $\dfrac{N+1}{2}$ 个为中位数；数据个数为偶数时，第 $\dfrac{N}{2}$ 个数和第 $\left(\dfrac{N}{2}+1\right)$ 个数的和再除以2为中位数（见图7-7）。

图7-7　求中位数

当总体是正态分布或均匀分布时，平均值和中位数几乎相同。在偏态分布的情况下，如图7-6右图所示，中位数可能比平均值更适合描述总体。

众数

众数是总体中频率的最高值，它的英文为mode。就服装行业而言，为了使衣服适合更多的人，一般使用众数作为参考，而不是平均值。

Try Python　　求平均值、中位数和众数的程序

平均值只是把所有数据加起来，然后除以数据的数量，因此我们应该能够毫无困难地构建一个程序来求平均值。比较复杂的是求中位数和众数。对于中位数，我们必须按照递减的顺序重新排列数据；对于众数，我们必须计算数据范围内的频率。在Python中，我们可以使用NumPy的mean()函数来计算平均值，使用median()函数来计算中位数。由于Python中没有求众数的函数，所以我们需要自己编写。执行代码7-2可以求出平均值、中位数和众值，结果如下。

平均值：70.0

中位数：85.0

众数：95

代码 7-2　求平均值、中位数和众数

```
 1. import pandas as pd
 2. import numpy as np
 3.
 4. # 读取score.csv
 5. dat = pd.read_csv('score.csv', encoding='SHIFT-JIS')
 6.
 7. # 平均值、中位数
 8. print('平均值', np.mean(dat['数学']))
 9. print('中位数', np.median(dat['数学']))
10.
11. # 众数
12. bincnt = np.bincount(dat['数学']) # 计算相同值的个数
13. mode = np.argmax(bincnt) # 获取bincnt中的众数
14. print('众数', mode)
```

专栏　NumPy库与statistics库

　　在Python的标准statistics库中，已经定义了计算平均值、中位数、标准差等的函数；也有一个mode()函数用来计算众数，但如果有多个相同频率的数，这个函数就会返回一个错误。我们将在本章后面讨论协方差和相关系数，这些计算不能直接利用statistics库中的函数来进行。由于这些原因，我们在本章中使用NumPy库进行示例编程。

7.1.4　直方图

　　同样，当我们分析一个群体的特征时，知道数据是如何分布的非常重要。我们可以通过直方图清楚地看到这一点。直方图的绘制方法非常简单。

　　① 将数据的范围划分为相等的区间（我们称之为等级）。

　　② 计算每个等级中包含的数据数量（我们称之为频率）。

　　③ 创建一个条形图，横轴是等级，纵轴是频率。

表7-1是对0～9、10～19、20～29等得分数据的统计。这个表被称为"频率分布表"。我们可以用这个表来得到一个直方图。

表7-1 频率分布表

等级（得分）/分	频率（人数）/人
0～9	0
10～19	1
20～29	2
30～39	3
40～49	4
50～59	5
60～69	3
70～79	1
80～89	5
90～100	16

Try Python　用程序绘制直方图

现在我们将使用matplotlib.pyplot模块来绘制一个数学测验得分情况的频率分布直方图。尽管也可以使用hist()函数，但现在我们将展示如何调整每个等级中包含的频率，并以此来绘制直方图（见代码7-3）。

代码 7-3　绘制直方图

```
1. %matplotlib inline
2. import matplotlib.pyplot as plt
3. import pandas as pd
4.
5. # 读取score.csv
6. dat = pd.read_csv('score.csv', encoding='SHIFT-JIS')
7.
8. # 计算每个等级中包含的个数
9. hist = [0]*10 # 频率（10个元素，初始值为0）
10. for dat in dat['数学']:
11.     if dat < 10:   hist[0] += 1
12.     elif dat < 20: hist[1] += 1
13.     elif dat < 30: hist[2] += 1
14.     elif dat < 40: hist[3] += 1
```
←①

```
15.        elif dat < 50:  hist[4] += 1  ⎤
16.        elif dat < 60:  hist[5] += 1  ⎥
17.        elif dat < 70:  hist[6] += 1  ⎥
18.        elif dat < 80:  hist[7] += 1  ⎥← ①
19.        elif dat < 90:  hist[8] += 1  ⎥
20.        elif dat <= 100:  hist[9] += 1 ⎦
21. print('频率:', hist)
22.
23. # 直方图                              ← ②
24. x = list(range(1,11))  # x轴的值
25. labels = ['0~','10~','20~','30~','40~','50~','60~','70~',
    '80~','90~']  # x轴的标签
26. plt.bar(x, hist, tick_label=labels, width=1)# 绘制直方图
27. plt.show()
```

读取数据后，①是访问所有数据的for循环。hist[0]为小于10的数值，hist[1]为10～19的数值，以此类推，统计各个等级的数。这就是直方图 y 轴的值。

从②开始绘制直方图。变量x是 x 轴的值。在这种情况下，我们选择 10为间隔，使用1～10的数值（100÷10）。lables是 x 轴上的刻度线。我们可以用这些值来绘制直方图，方法如下。

plt.bar(x, hist, tick_label=labels, width=1)

参数width是可选设置，width=1表示线条的宽度被设置为1，与轴的刻度相同（见图7-8）。

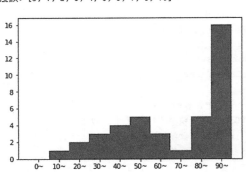

度数: [0, 1, 2, 3, 4, 5, 3, 1, 5, 16]

图7-8　代码7-3的执行结果

现在，你对这个直方图有什么看法？它的分布非常偏向于高分。本章的开头写道，"在数学考试中得了75分……这个分数相对平均分是偏高的"。你认为这种认识是正确的吗？

正如我们在上一小节中所看到的，平均分确实是70分。然而，图7-8显示，只有一个人得了70分。不仅如此，还有21人（=5+16）的得分超过了80分。由于数据的总数是40个，我们不能说这是该组得分的平均值。换句话说，我们处于这个总体的偏高部分，因为我们的分数比平均值高，这种说法是不对的。

如果我们在直方图中发现任何偏差，那么我们就应该看一下平均值以外的数值。在这种情况下，中位数（85分）更适合代表这个群体。

7.2　衡量离散程度

在日本，对于准备考试的学生来说，最重要的数据之一是"偏差值"。我们在许多场景中会使用偏差值，如"如果偏差值在60以上，那么说明能力很强"或"想办法将偏差值从55提高到70"。你知道这是在说什么吗？接下来就让我们找出它的真正含义，以便我们能够正确使用它。

7.2.1　方差和标准差

假设你是一家小吃店的店长。你雇用太郎作为助手，但你觉得太郎捏的饭团大小跟你捏的不一致。因此，你决定测量一下自己和太郎的饭团的质量，一周后，调查发现平均质量都是100g。

"太郎的饭团大小跟其他店长做的不一致……"。不要被这个所迷惑！当我们看统计数据的时候，总体的分布形状很重要。如图7-9所示，我们绘制了直方图。虽然两个人的都是正态分布，但太郎的分布图顶部较低，底部较宽，由此我们可以得出结论："太郎的饭团大小是不一致的。"接下来，让我们用数字来描述到底有多不一致。

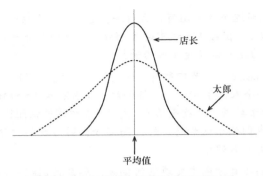

图7-9 店长和太郎所捏饭团的直方图

方差和标准差是代表数据分布情况的数值。例如，两个人的饭团质量（单位：g）如下。

店长：94 105 107 106 88

太郎：117 84 95 72 132

图形化后的结果如图7-10所示。

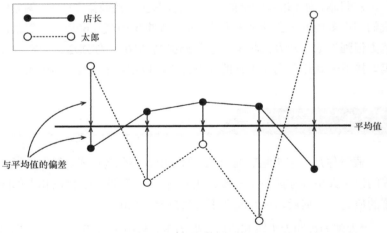

图7-10 与平均值的偏差

虚线所代表的值（太郎）与平均值的偏差更大。如果我们对这些偏差求和，应该能够对具体情况更加了解。不幸的是，当我们试图这样做时，得到的答案总是0。

```
>>> import numpy as np
>>> owner=[94, 105, 107, 106, 88]←  店长的数据
>>> mean = np.mean(owner)
>>> sum = 0                         ← 为答案初始化变量（偏差和）
>>> for d in owner:               ← 所有数据
...      sum = sum + (d - mean)      求数据-平均值的和
...
>>> sum
0.0                                 ← 显示的结果
```

由于我们谈论的是平均值，而平均值是所有数据的平均，因此，将偏差相加，自然得到的答案是0。现在让我们对"数据-平均值"进行平方，平方后符号为"正"，这样我们就可以计算出偏差平方的总和。

```
>>> sum = 0
>>> for d in owner:
...      sum = sum + (d - mean)**2 ← "数据-平均值"的平方之和
...
>>> sum
290.0                               ← 显示的结果
```

当然，这个值会随着数据数量的增加而增加。为了摆脱这种影响，我们除以数据的数量，以消除数据数量的影响。然而，这个值要用"数据-平均值"的平方来计算。在这个例子中，我们将饭团的质量平方了，为了回到原来的值，我们取其平方根，现在求出的就是标准差。

```
>>> import math
>>> variance = sum / 5            ← 方差
>>> stdev = math.sqrt(variance)   ← 标准差
>>> variance, stdev
(58.0, 7.615773105863909)          ← 显示的结果（方差，标准差）
```

方差和标准差都是表示数据离散程度的数值。两者的值越大，数据就越分散。尤其是标准差，可以简单理解为与平均值的偏差。让我们看看如何计算它们。

$$方差 = \frac{(数据 - 平均值)^2 的和}{数据的个数}$$

$$标准差 = \sqrt{方差}$$

表7-2为店长和太郎做的5个饭团的方差与标准差，以供参考。店长现在可以自信地提醒太郎了，因为他的偏差值不大于8g，太郎应该无话可说了。

表7-2 店长和太郎的饭团比较

人物	方差（g）	标准差（g）
店长	58	8
太郎	476	22

Try Python 用程序求方差与标准差

在文件onirigi.csv中记录了店长和太郎做的100个饭团的质量［见图7-11（a）］。图7-11（b）所示的直方图就是基于这些数据绘制的。

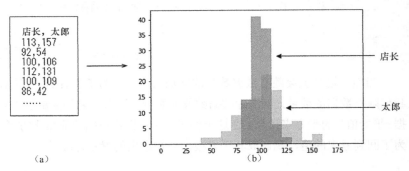

图7-11 onirigi.csv和直方图

我们可以清楚地看到柱状的长短是不同的。如代码7-4所示，我们使用matplotlib.pyplot模块的hist()函数来绘制该直方图。参数依次是"y轴的值""x轴的值"和"直方图的透明度"。

代码 7-4 绘制直方图

```
1. %matplotlib inline
2. import matplotlib.pyplot as plt
3. import pandas as pd
4.
5. #读取数据
```

```
 6. dat = pd.read_csv('onirigi.csv', encoding='SHIFT-JIS')
 7.
 8. # 直方图
 9. plt.hist(dat['店长'], bins=range(0, 200, 10), alpha=0.5)
10. plt.hist(dat['太郎'], bins=range(0, 200, 10), alpha=0.5)
11. plt.show()
```

接下来用数据表示离散情况。NumPy库的var()函数可以用于计算方差，std()函数[1]可以用于计算标准差，所以我们可以使用这些函数，而不需要一步一步进行计算。执行代码7-5后可以得到如下结果。

```
店长 ---------
平均值 : 98.29
方差 : 59.5859
标准差 : 7.719190372053276
太郎 ---------
平均值：101.23
方差：522.0771
标准差 : 22.849006542954992
```

代码 7-5　求平均值、方差和标准差

```
 1.imoprt numpy as np
 2. print('店长---------')
 3. print('平均值:', np.mean(dat['店长']))
 4. print('方差:', np.var(dat['店长']))
 5. print('标准差:', np.std(dat['店长'] )
 6.
 7. print('太郎 ---------')
 8. print('平均值 : ', np.mean(dat['太郎']))
 9. print('方差:', np.var(dat['太郎']))
10. print('标准差:', np.std(dat['太郎']))
```

7.2.2 偏差值

"在4月的模拟考试中5个科目的总得分是320，在9月的模拟考试中

1　NumPy的var()和std()函数用于总体计算。如果需要进行基于样本的计算，请使用statistics模块中定义的函数。

总得分是430，那我们的成绩肯定提高了！"这种说法不一定是正确的，因为参加测试的人数、人员和考试难度都可能不同，我们不能简单地只比较总分。在这种情况下，我们就可以把偏差值作为比较的标准。

但是，偏差值有效的前提条件是总体是正态分布的，就像在偏态分布的情况下，只看平均值是没有意义的，所以不可能只根据偏差值来做判断。从现在开始，我们将假设考试成绩是正态分布的。

正态分布图有很多形状，例如，如果平均值相同，但标准差不同，那么波形的高度就会不同［见图7-12（a）］；如果平均值不同，但标准差相同，那么波形出现的位置就会不同［见图7-12（b）］。对320和430两个值不能进行简单的比较，在统计学中需要进行标准化。

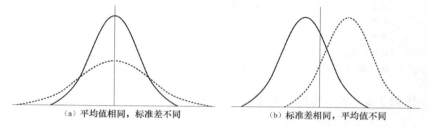

（a）平均值相同，标准差不同　　（b）标准差相同，平均值不同

图7-12　正态分布图的形状

标准化是对数据进行转换的过程，使其平均值为0，方差为1。

$$标准化后的数据 = \frac{数据 - 平均值}{标准差}$$

当我们画出标准化数据的频率分布时，正态分布图将被统一为图7-13所示的形式。由图7-13可见，一个数值偏离中心的概率也被确定。横轴上的1σ表示离平均值有一个标准差。这意味着68.3%的数据包括在距平均值一个标准差的范围内，95.4%的数据在距平均值两个标准差的范围内。我们可以通过观察得分与波形中心的远近来判断成绩的高低。

然而，平均分数为0并不是一个现实的数值，大家也很难接受0.18或-1.45的标准化数据作为考试的分数。所以我们设计了一种新的计算偏差的方法。

$$偏差值 = \frac{分数 - 平均值}{标准偏差} \times 10 + 50$$

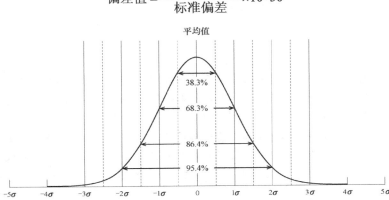

图7-13 标准正态分布

使用这种计算方法，无论参加测试的学生人数、人员和测试题的难度如何，得分者的平均偏差都将是50。由于我们只是将标准化的分数乘以10，再加上50，所以频率分布图的形状与图7-13相同。当然，获得一个偏离中心的数值的概率也是一样的。换句话说，我们可以通过观察偏离波形中心的距离来判断成绩的好坏。

Try Python 　**计算偏差值的方法**

假设模拟考试的成绩如表7-3所示，求每个人成绩的偏差值，以确定学生们的成绩是否有提高。当然，我们将假设基础总体是正态分布的。

表7-3 模拟考试成绩的变化（4月和9月）

类别	4月	9月
得分	320分	430分
平均	278分	388分
标准差	60	60

```
>>> def dev_value(score, mean, stdev):
...     return (score - mean) / stdev * 10 + 50    ← 计算偏差值
```

```
...
>>> dev_value(320, 278, 60)          ← 计算出4月的偏差值
57.0                                 ← 显示的结果
>>> dev_value(430, 388, 60)          ← 计算出9月的偏差值
57.0                                 ← 显示的结果
```

dev_value()函数的参数从左到右依次是分数、平均值和标准差。当我们用这个函数来计算4月和9月模拟考试成绩的偏差值时，两种情况下的结果都是57。这意味着两次考试的成绩是一样的。

同样，在使用偏差值时，前提条件是基础总体是正态分布的。如果总体是偏态分布的，那么看偏差值就没有意义了。此外，偏差值不仅表明了某个人在某一特定群体中的位置。如果数据群只包括成绩好的学生，而不是所有的学生，情况也会不同。最好将偏差值作为一种参考值，而不要被模拟考试的成绩所左右。

7.3 衡量相关性

"数学成绩好的人物理成绩也会好"或"长时间使用智能手机会降低学习成绩"，这些说法是真的吗？我们可以画一个散点图来衡量。

7.3.1 散点图

散点图是一种表示两种数据之间关系的图。我们可以将数据映射到x轴和y轴上，并在坐标系中画点来表示。图7-14是使用表7-4中的数值绘制的散点图。

表7-4　数学和物理的得分情况

数学（x）	75	30	50	85	45	85	20	95	95	35
物理（y）	60	85	55	70	60	90	15	80	100	50

画完散点图后，看一下整个点集的形状，如图7-14所示。当这些点

像图7-14一样向右上方倾斜时，存在着"正相关"关系。"相关"这个词的意思是有关联。我们说正相关是因为随着x的增大，y也会增大。

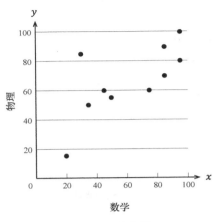

图7-14　散点图

相反，如图7-15（a）所示，当点集向右下方倾斜时，是"负相关"关系。在这种情况下，随着x的增大，y会减小。另外，如图7-15（b）所示，点集分散，表明无相关关系，此时说明这两组数据之间没有关系。

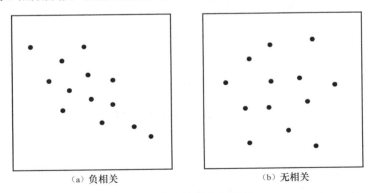

（a）负相关　　　　　　　　（b）无相关

图7-15　负相关和无相关

Try Python　**用程序绘制散点图**

在score.csv文件中，有40名学生的数学和物理的分数。我们可以用它来画一个散点图。在代码7-6中，我们使用了matplotlib.pyplot模块的scatter()函数来画出这些点。从结果中我们可以看出，数学和物理的分数之间存在着正相关关系（见图7-16）。

代码 7-6　绘制散点图

```
 1. %matplotlib inline
 2. import matplotlib.pyplot as plt
 3. import pandas as pd
 4.
 5. #读取数据
 6. dat = pd.read_csv('score.csv', encoding='SHIFT-JIS')
 7.
 8. # 散点图
 9. plt.scatter(dat['数学'], dat['物理'])
10. plt.axis('equal')
11. plt.show()
```

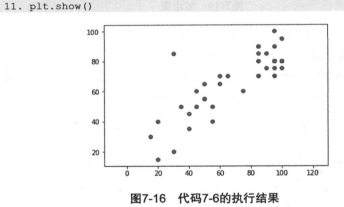

图7-16　代码7-6的执行结果

7.3.2 协方差和相关系数

我们可以从散点图中看到，两组数据之间存在着关联关系，是什么关系呢？有两个数值可以描述两组数据之间的关系：协方差和相关系数。

两组数据分布用 x 和 y 表示。当我们将 "$x-x$ 的平均值" 和 "$y-y$ 的平均值" 相乘时，如果 x 和 y 都大于或小于它们的平均值，则结果为正数［见图7-17（a）］。如果两者中的一个大于平均值，另一个小于平均值，结果将是负数［见图7-17（b）］。如果我们观察所有的数值，通过它的符号，就可以看出两者之间的关系，这就是相关图。衡量两者之间关系的值其实就是协方差。

$$协方差 = \frac{((x-x\text{的平均值}) \times (y-y\text{的平均值})\text{)的和}}{\text{数据量}}$$

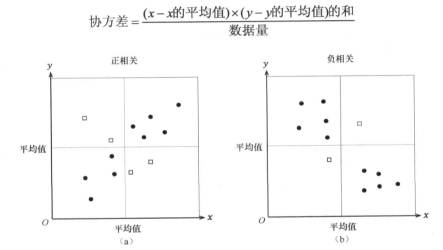

图7-17　正负相关的关系

协方差可以作为两组数据之间关系的衡量标准，但也不是确定的。协方差可以用于判断数学和物理成绩是否相关，但在判断 "花在手机上的时间" 对 "学习成绩" 是否有影响时，协方差不一定适用。

在统计学领域，这种情况下会使用标准化。协方差可以通过以下公式进行标准化。由它可以求出相关系数。

$$相关系数 = \frac{协方差}{(x\text{的标准差}) \times (y\text{的标准差})}$$

相关系数必须为 $-1 \sim 1$，其含义如表7-5所示。在表7-5中，我们只列出了正值，但其实负值也有同样的含义，可以表示相关数据的相关性强度。

表7-5 相关系数的含义

相关系数	含义
0～0.2	完全没有关联
0.2～0.4	略有关联
0.4～0.7	有关联
0.7～1.0	强关联

Try Python　**计算相关系数**

我们可以使用NumPy中的corrcoef()函数来计算相关系数，不需要自己计算协方差和标准差。

```
>>> import numpy as np
>>> import pandas as pd
>>> dat = pd.read_csv('score.csv', encoding='SHIFT-JIS')
>>> correlation = np.corrcoef(dat['数学'], dat['物理'])
                                              ← 指定要计算的数据
>>> correlation[0,1]                          ← 求相关性
0.827685316489                                ← 显示的结果
```

corrcoef()函数的参数是受影响的两组数据。

```
[[ 1. 0.82768532]
 [0.82768532 1.]]
```

该函数返回如下二维数组。

```
[[数学-数学 数学-物理]
 [物理-数学 物理-物理]]
```

数学和物理之间的相关系数在[0,1]（上例中的correlation[0,1]）或[1,0]（correlation[1,0]）范围内。从这个结果我们可以看出，数学和物理的分数之间存在着非常强的正相关关系。

7.4　通过数据进行推测

对所收集的数据进行分析，并从中找出一些趋势或特征，这就是统计学的本质。统计学可以用过去的数据来预测未来的情况。

7.4.1 移动平均值

图7-18是2018年3月到5月东京的日平均气温图。虽然看到精细的每日温度变化是很好的，但我们希望能更清楚地了解春季和初夏的温度变化。此时，我们就可以使用移动平均值。

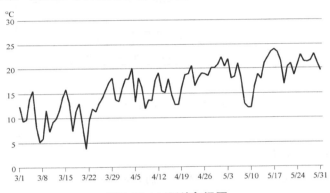

图7-18　日平均气温图

移动平均法是一种用目标数据前后几个数值的平均值来代替目标数据的方法。在图7-19中展示了其计算的方法[1]。图7-19（a）显示了区间数为3的移动平均值计算。在这种情况下，数据1～3的平均值是数据2的值，数据2～4的平均值是数据3的值，数据3～5的平均值是数据4的值……如果移动平均值的区间数被设定为5，那么数据1～5的平均值是数据3的值，数据2～6的平均值是数据4的值……［见图7-19（b）］。

通过使用移动平均值，我们能够在保留原始数据的一些特征的同时，平滑地表现变化。我们经常在天气预报中听到"最高温度为28℃，比往年高3℃"。你是否曾想过往年是什么时候？实际上，这里使用的就是移动平均值。比如5月1日的往年气温值就是过去30年5月1日的平均温度，在9个区间中的3次移动平均值。你可能会惊讶地发现，我们对数据进行了3次移动平均。如图7-18所示，这可以使数据图变得更加平滑，并使我们对温度变化有一个大致的了解。

1　这里说明的是针对具有奇数区间的数据的移动平均值的计算。对于偶数区间，可以将间隔数除以2，得到前半部分和后半部分，然后取两者的平均值。

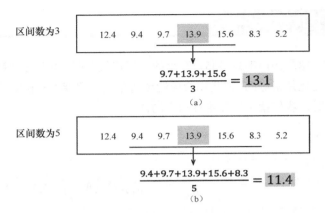

图7-19　计算移动平均值

　计算移动平均值

移动平均值并不难计算，因为它们只是一个区间的数据的平均数。可以用NumPy的convolve()函数来轻松计算出移动平均值。让我们试试吧。

在文件temperature.csv中，有东京从2018年3月到5月的每日平均温度［见图7-20（a）］。我们使用这些数据在程序中画出9个区间的移动平均值图形，代码见代码7-7。结果显示为图7-20（b）。

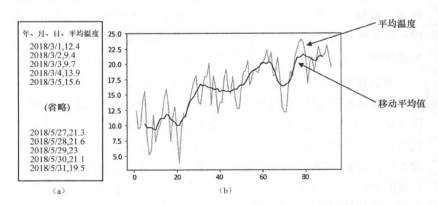

图7-20　temperature.csv和代码7-7的执行结果

代码 7-7 绘制移动平均值图形

```
1. %matplotlib inline
2. import matplotlib.pyplot as plt
3. import pandas as pd
4. import numpy as np
5.
6. #导入温度数据
7. dat= pd.read_csv('temperature.csv', encoding='SHIFT-JIS')
8.
9. n = len(dat)            # 数据数
10. x = range(1, n+1)      # x轴的值（1~数据数）
11.
12. # 温度
13. y = dat['平均温度'] # y轴的值（平均温度）
14. plt.plot(x, y)          # 绘图
15.
16. # 区间数:9 的移动平均值
17. v = np.ones(9)/9.0                      ← ①
18. y2 = np.convolve(y, v, mode='same')     ← ②
19. plt.plot(x[4:n-4], y2[4:n-4])           ← ③
20. plt.show()
```

有两种方法来计算平均值：将所有数据相加后除以数据数［见图7-21（a）］，或者将数据乘以一个系数后相加[1]［见图7-21（b）］。convolve() 函数是用方法二来计算平均值。

数据

| 1 | 2 | 3 | 4 | 5 | 6 | 7 | 8 | 9 |

方法一：用总数除以数据数

$$\frac{1+2+3+4+5+6+7+8+9}{9} = 5$$

（a）

方法二：乘以一个系数，然后求和

$$\left(1\times\frac{1}{9}\right) + \left(2\times\frac{1}{9}\right) + \cdots + \left(8\times\frac{1}{9}\right) + \left(9\times\frac{1}{9}\right) = 5$$

（b）

图7-21 计算平均值的方法

---

1 这样的方法被称为"卷积运算"。它是机器学习中必须使用的方法。

代码7-7的①是系数数组的初始化。ones()函数可以将给定元素填充为1。如代码7-7所示，定义一个初始化的数组v，有9个元素，内容为"1÷9.0"。我们将使用这些系数分两步来计算移动平均值。convolve()函数的第一个参数y是我们从文件中读取的温度数据，第三个参数mode必须是same。

③是使用移动平均值绘制线图的命令。如果没有前后数据，移动平均值是无法计算的。因此，我们必须指定x轴和y轴的数据范围，这样缺失数据的部分就不会被绘制。

7.4.2 线性回归

"温度超过27℃时，冰激凌卖得更好""运动少的人往往更胖""如果螳螂在高处产卵，那年的雪会更多"。所有这些都是基于历史数据得出的结论。现在让我们更进一步，尝试预测未来。

图7-22（a）是根据表7-6绘制的散点图。随着温度的升高，饮料销量会增加，但我们不知道这种增加有多少。此时，我们应该尝试在各点之间画一条直线来显示趋势。然而，直线的斜率并不固定，如图7-22（b）所示，所以我们要通过计算找到正确的趋势线。

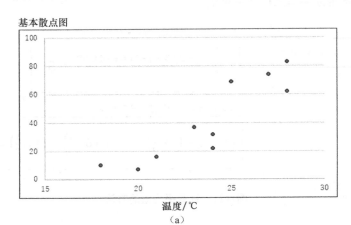

（a）

图7-22　趋势线

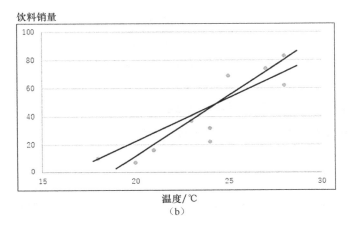

饮料销量

温度/℃

（b）

图7-22　趋势线（续）

表7-6　温度和饮料销量

温度（x）/℃	23	24	28	24	27	21	18	25	28	20
饮料销量（y）	37	22	62	32	74	16	10	69	83	7

　　理想的直线是图7-23所示的所有线中偏差最小的一条。也就是说，我们应该找到直线的斜率和截距，使所有点的斜率之和最小。然而，各点的斜率是正负值混合的，所以我们不能正确地得到全部的斜率，因为它们有的相互抵消了。因此我们要用偏差值的平方再求和来计算。数值最小的那条线称为回归线。

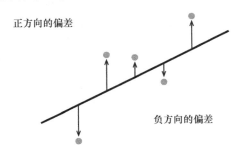

正方向的偏差

负方向的偏差

图7-23　数据点和直线的偏差

　　斜率和截距可以通过以下公式求得。协方差请参考7.3.2小节，方差请参考7.2.1小节。

$$斜率 = \frac{x和y的协方差}{x的方差}$$

$$截距 = y的平均值 - (斜率 \times x的平均值)$$

Try Python　求回归线的斜率与截距

给定两个数据x[]和y[]，那么协方差为

```
>>> import numpy as np
>>> mean_x = np.mean(x)          ← x的平均值
>>> mean_y = np.mean(y)          ← y的平均值
>>> cov = np.mean((x-mean_x)*(y-mean_y))   ← x和y的协方差
```

x的方差为

```
>>> var_x = np.var(x)
```

根据这些值，我们可以计算出回归线的斜率a和截距b，如下所示。

```
>>> a = cov / var_x
>>> b = mean_y - (a * mean_x)
```

　　是不是有点复杂？我们也可以使用NumPy的polyfit()函数。这样只用一行代码就可以完成。代码7-8为基于表7-6的数据绘制散点图和回归线的程序。polyfit()函数的第三个参数是回归方程的次数。这里指定为"1"，以画出一条直线。执行结果如图7-24所示。

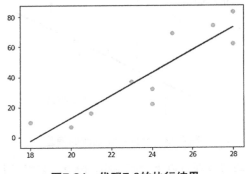

斜率: 7.532818532818531，截距:-138.08108108108104

图7-24　代码7-8的执行结果

代码 7-8 绘制散点图和求回归线

```
1.  %matplotlib inline
2.  import matplotlib.pyplot as plt
3.  import numpy as np
4.
5.  # 数据
6.  x = np.array([23,24,28,24,27,21,18,25,28,20])   # 气温
7.  y = np.array([37,22,62,32,74,16,10,69,83,7])     # 饮料销量
8.
9.  # 回归线
10. a, b = np.polyfit(x, y, 1)
11. y2 = a * x + b
12. print(' 斜率: {0}, 截距:{1}'.format(a, b)) # 输出斜率和截距
13.
14. # 绘制
15. plt.scatter(x, y) # 散点图
16. plt.plot(x, y2)   # 回归线
17. plt.show()
```

现在，我们不应该满足于根据数据所画出的回归线。使用回归线的真正目的是验证数值，并利用其预测未来。假设我们有一个预测，明天的温度将是33℃，将这个温度代入回归线的方程，可以得到

```
>>>a * 33 + b
110.5019305019305
```

根据预测，我们的饮料将会销售约110瓶。有了这个数值作为指导，我们应该可以避免售罄和大量未售出的情况。

我们已经在7.3.2小节中讨论过相关系数，它是对两个参数之间关系的衡量。应该指出的是，使用它的目的与回归线不同。

7.5 取随机数

还记得本章7.1.1小节讲到的内容吗？因为我们无法测量所有20多

岁的日本男性的身高，所以通过选择一个随机样本，测量其中一部分人的身高，来推测20多岁的男性的平均身高。在这里，我们必须考虑如何选择样本，假如刚好抽样调查的对象全都是篮球队的球员，那么计算出的平均身高就会高出很多。

7.5.1 随机数

随机选择样本，没有任何意图的随机性是选择的基础。我们将为此使用随机数表和多面骰子[1]，但随机数到底是什么呢？3, 86, 72, 61, 81, 6, 2, 31, 30, 83,…随机数是像这样没有规律性的数字，每个数字的出现次数几乎相同。在大多数语言中都有生成随机数的命令，在Python中我们可以使用random库的randint()函数来生成随机数。

```
>>> import random
>>> rand = []  ← 随机数表
>>> for i in range(10):
... rand.append(random.randint(0,100))  ← 生成0～100的随机数
...
>>> rand
[35, 0, 9, 24, 3, 51, 43, 10, 36, 44]  ← 显示的结果
```

从这个结果我们可以看出，数列没有规律性。但我们不应该高估计算机生成的随机数，因为它们也是由一些公式计算出来的。这被称为"伪随机数"。

7.5.2 使用随机数的注意事项

产生随机数的公式之一被称为"线性同余法"。

$$R_{n+1} = (a \times R_n + b) \bmod c$$

R_n是前一个随机数，a,b,c是正整数并且满足$c>a$、$c>b$，mod是用来寻找除法余数的运算符。由于我们用除以c后的余数来生成随机数，

---

1 本书使用二十面体骰子，上面写着从0～9的各两个数字。通过掷骰子得出随机数。

所以生成的随机数为0～(c–1)。

让我们来试一试。若a=4、b=7、c=9，把随机数的初始值设为1，并进行计算。

```
>>> a = 4 ← 随机数的初始值
>>> b = 7
>>> c = 9
>>> rn = 1
>>> rand = []
>>> for i in range(20):
...     rn = ((a * rn + b) % c) ← 生成一个随机数
...     rand.append(rn)
...
>>> rand
[2, 6, 4, 5, 0, 7, 8, 3, 1, 2, 6, 4, 5, 0, 7, 8, 3, 1, 2, 6]
                    ← 显示的结果
```

前9个结果看起来像随机数，但第10个结果"2"意味着此后将重复出现相同的随机数组合。当然，如果我们改变a,b,c以及R_n的初始值，将产生不同的随机数，但结果仍然有相同的规律性。重要的是要记住，由此生成的随机数中总是有一些规律性。

a,b,c以及R_n仍然是确定要生成的随机数的重要因素。这些值被称为随机数的种子。我们使用的大多数语言都包括初始化随机数种子的命令，这些命令通常与计算机的系统时间结合在一起执行。这些命令同时被执行的概率非常低，我们可以利用这一点生成不同的随机数。random库的randint()函数也使用系统时间来初始化随机数种子。

第8章
微积分

你听说过"温水煮青蛙"吗？如果把一只青蛙放在沸水中，它会立马跳出来；但如果你把它放在水中并慢慢加热，青蛙会注意不到温度的变化，直到水沸腾。我不知道这是不是真的，但这可以用来提醒我们适应环境变化的重要性。而在数学世界里，"温水煮青蛙"也可以是通往微积分的大门。

8.1 曲线与图像

在"温水煮青蛙"故事中，我们每隔10s检查一次水温，"比之前高一点""又高了""又高了"。按照这个速度，水温越来越高。如果我们能正确分析这些变化，就应该能够避免水温过高。而微分就是分析这些变化的一个工具。

8.1.1 衡量变化的线索

图8-1显示了某公司的工资结构，让我们试着想想从这个图中可以看到什么。

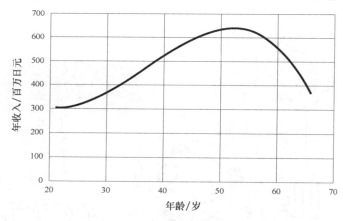

图8-1 工资结构

从20岁开始，员工的年收入稳步增长，在50岁达到高峰，然后逐渐减少，直到65岁退休。这是我们用自己的话来描述曲线传达的信息。那么，我们能看出来年收入是如何具体增加的吗？如果员工每年都有固定工资增长，那么工资结构线将是一条向右上升的直线（见图8-2）。

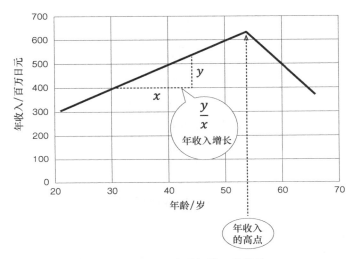

图8-2　固定工资增长的工资结构

然而，图8-1所示的曲线表明，有时工资增长过快，有时则不然。还有一件事，当达到图8-1中的曲线顶端，即年收入的最高点时，员工会是多少岁呢？

从图8-2中直线的斜率可以得出员工年收入的增长幅度，也很容易发现峰值。对于图8-1所示的曲线，我们只能找到曲线最平坦的部分并猜测"这部分可能是峰值"。如果用下面介绍的步骤，就能够准确地找到峰值。

① 计算相邻两年的年收入差额。

② 利用差额画图。

Try Python　**年收入图与年收入变化图**

让我们试着用相邻两年的收入之差来画一个图形。我们使用salary.csv文件中的数据，其中第一列是年龄，第二列是年收入（见图8-3）。

代码8-1读取salary.csv文件并绘制年收入曲线，图8-4显示了程序执行的结果。

```
年龄，年收入
20303.6
21303.7187
22305.9016
23310.0089
24315.9008

（省略）

61510.8427
62480.9576
63447.4049
64410.0448
65368.7375
```

图8-3　salary.csv文件

代码 8-1　绘制年收入曲线

```
1. %matplotlib inline
2. import matplotlib.pyplot as plt
3. import pandas as pd
4.
5. # 读取salary.csv
6. dat = pd.read_csv('salary.csv', encoding='SHIFT-JIS')
7.
8. # 设置数据
9. x = dat['年龄']
10. y = dat['年收入']
11.
12. # 绘图
13. plt.plot(x, y)
14. plt.grid(color='0.8')
15. plt.show()
```

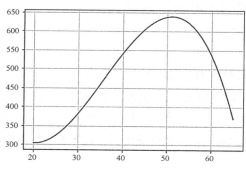

图8-4　代码8-1的执行结果

现在我们取相邻两年的年收入之差，用这个差额来绘制图形。代码8-2是代码8-1的延续。

代码 8-2 绘制差额曲线

```
1. # 数据量
2. cnt = len(dat)                      ← ①
3.
4. # 取差额
5. diff_y = []
6. for i in range(0, cnt-1):
7.     diff_y.append(y[i+1] - y[i])    ← ②
8.
9. # 绘图
10. plt.plot(x[1:], diff_y)            ← ③
11. plt.grid(color='0.8')
12. plt.show()
```

在确认了数据量（①）后，②的for循环年收入数据从开始到cnt-1的所有元素。这里我们要计算两个年份的差值，并将结果赋值到diff_y中。③使用x和diff_y参数进行绘图，所以我们应该注意plot()函数的参数。

```
plt.plot(x[1:], diff_y)
```

这意味着x的第一个元素将被跳过，从第二个元素开始绘制[1]（见图8-5）。

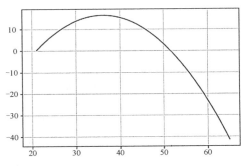

图8-5 差额曲线

---

1 在就业的第一年，因为没有前一年的数据，所以无法计算出差额。而如果x和diff_y之间的元素数量不同，plt.plot(x, diff_y)会报错。

现在我们已经用Python画了两个图。第一个（后面称为"年收入曲线"）与图8-1相同。第二个（见图8-5，后面称为差额曲线）是利用相邻两年的年收入之差得出的曲线图。你可能在想怎么又是一条曲线！下面让我们试着理解这个图形表示了什么。答案将在下一小节揭晓。

8.1.2 衡量变化

图8-5中的差额曲线表明员工的年收入从一年到另一年的变化程度。不要急于认为"这是一条曲线，很难读出任何确定的东西"。曲线与横轴的交叉点是我们要关注的。你知道为什么吗？看一下图8-6，想一想。

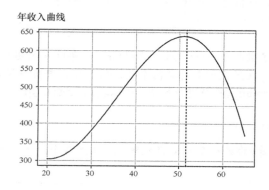

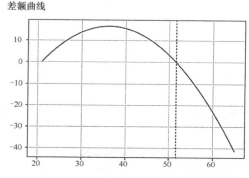

图8-6　年收入曲线和差额曲线

图8-6所示是年收入曲线和差额曲线。如果我们在差额曲线与横轴

的交汇处，即在差额为0的地方画一条线，我们会得到对应的年龄，它与年收入的峰值相同。这两年的差额为0，意味着年收入没有变化，对应收入曲线峰值的平坦部分。通过使用"差额簇"，我们现在可以清楚地看到峰值，而在年收入曲线中，我们只能隐约看到峰值部分的情况。

现在让我们来看看整个图的情况。达到峰值大约在37岁。这意味着，在52岁左右之前，员工的收入会稳步增长，实际上在37岁左右，年收入的差额（加薪）达到了峰值，之后的年收入虽然会增加，但增加的差额会减少。

当我们把年收入曲线与差额曲线放在一起时，就可以看到以前没有注意到的变化。事实上，正是因为使用了"差额"，也就是微分，我们才能够看到这些变化！

你可能想知道为什么我们要使用"差额"。许多人可能在想："我已经做了差额，但没有进行微分。"

8.2　什么是微分

"微分"这个词被描述为"关注持续变化值中微小的部分，以衡量其变化的过程"。这并不难理解，是吗？

8.2.1 变化率

变化率用如下公式计算。

$$\frac{y\text{的变化量}}{x\text{的变化量}}$$

在数学中，用 $\dfrac{\mathrm{d}y}{\mathrm{d}x}$ （d是differential的首字母）和 $\dfrac{\Delta y}{\Delta x}$ （ Δ 是希腊文，意思是微小的，读作delta）来表示"变化率"。后文中会出现各种符号，但都是在数学中使用的标准符号。读者开始时可能需要适应一下。

例如，在数学中，函数用$y=f(x)$（f是function的首字母）表示。在图8-7（a）所示的图形中，变化率等于直线的斜率。当然，直线的任何一段的斜率都不会改变。这意味着，斜率总是恒定的。对应的变化率用图形表示的话，如图8-7（b）所示，为与x轴平行的直线。

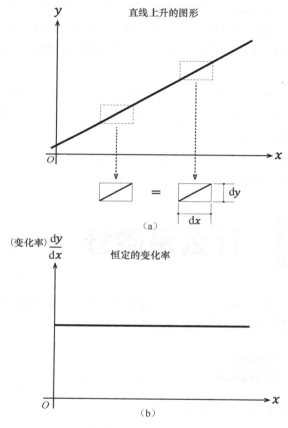

图8-7　直线的变化率

如果我们把$y=f(x)$绘制为图8-8（a）所示的曲线，会怎么样呢？取曲线x方向的固定大小为dx的一部分，如图8-8（b）所示，该曲线的不同地方取出的部分曲线的变化率也有所不同。

dx为1时，变化率可以用如下表达式表示，如图8-9所示。

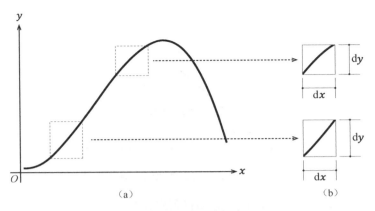

图8-8　曲线的变化率

$$\frac{\mathrm{d}y}{\mathrm{d}x} = \frac{y_2 - y_1}{x_2 - x_1} = \frac{y_2 - y_1}{1} = y_2 - y_1$$

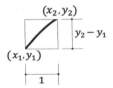

图8-9　曲线的变化率

这个表达式是否让你想起了什么？

这与我们在上一小节中计算年收入差额的计算方法相同。

8.2.2　微分系数

让我们先厘清思路。直线的斜率在任何一点都是一样的，但曲线的变化率在任何一点都是不同的。如果我们在$y=f(x)$的图形上取点A，在x轴的正方向上取一个距离点A为h的点B，分别用点$A(a,f(a))$和点$B(a+h, f(a+h))$表示，如图8-10所示，可以用如下算式表示过A、B两点的直线的斜率。

$$\frac{f(a+h) - f(a)}{h}$$

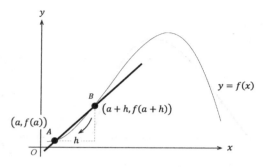

图8-10　通过曲线上两点的直线的斜率

现在让我们把图8-10中的点 B 移到靠近 A，让 h 的值趋近于0。此时，直线 AB 的斜率用公式表示为

$$\lim_{h \to 0} \frac{f(a+h) - f(a)}{h}$$

这就是微分系数。公式开头的 $\lim\limits_{h \to 0}$（limit的缩写，意思是极限）表示无限趋近0时。"无限趋近"这个词很重要，也就是说即使变得非常小，也不可能到0。微分系数是指某一点的变化率。对于图8-11所示的曲线的函数 $y=f(x)$，微分系数是随着 x 的值而变化的。在图8-11的下半部分，是相对于 x 值的微分系数，也就是某一点的变化率。这就是微分的结果。

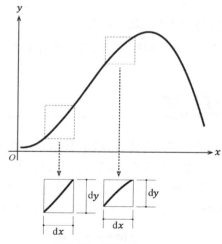

图8-11　微分系数

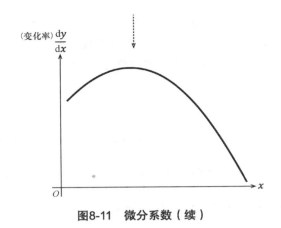

图8-11　微分系数（续）

8.2.3 微分

在数学中，我们经常使用"微分"这个词，它的意思可以理解为"观察变化"，具体就是观察当x稍微发生变化时，y的值如何变化。

"等一下，我记得在数学课本上读到过更复杂的内容，说微分意味着求导数……还是……"是的，这是正确的。现在再看一下图8-11的下半部分。这是一个微分系数的图形，它随着x值的变化而变化。换句话说，微分系数是由x的值决定的，也就是说，微分系数可以被视为x的函数。这个函数被称为"导数"，它是由y=f(x)推导出来的，一般用f'(x)表示。现在你对数学课本中所读到的内容有一些了解了吧。

为了绘制图8-11所示的图形，需要稍微改变x，并观察y的值如何变化。这就是我们所说的微分，表达式为

$$\lim_{h \to 0} \frac{f(x+h)-f(x)}{h}$$

数学中，我们称该表达式为函数的导数。

到这里你是不是又出现新的疑问了？在上一小节中，我们已经表明，图8-11的下半部分是微分系数图形，我们已经说过，$\lim_{h \to 0} \frac{f(a+h)-f(a)}{h}$ 可

以求出微分系数。尽管表达式完全相同，但"微分系数"和"导数"是两个不同的名称，这太令人困惑了。但现在我们不必过多地考虑它们之间的区别，可以将"微分"简单地理解为"观察变化"。

专栏　导数的记法

导数除了用 $f'(x)$ 表示，还有许多其他表示方式，比如 y'、$\dfrac{\mathrm{d}y}{\mathrm{d}x}$、$\dfrac{\mathrm{d}}{\mathrm{d}x}f(x)$、$\dfrac{\mathrm{d}f(x)}{\mathrm{d}x}$ 等。微分可以用许多不同的词，或记号来表示，可能这也使它更加难以理解。在本书中，我们使用 $f'(x)$ 来表示导数，用 $\dfrac{\mathrm{d}y}{\mathrm{d}x}$ 来表示微分系数。

8.2.4 微分公式

你是否还记得"求 $y = x^3 + 3x^2 + 3x + 1$ 的导数"或"求 $y = x^3 + 3x^2 + 3x + 1$ 的微分"这样的问题，当时你是怎么做的？现在读了本书之后，你会知道这两个问题是一样的，尽管它们在表达方式上有所不同。那你明白这个问题的含义吗？如果我们把问题改写为"画出图8-12（a）中的函数曲线 $y = x^3 + 3x^2 + 3x + 1$，求可以表示曲线导数的图8-12（b）中的曲线的方程"。

$$y = x^3 + 3x^2 + 3x + 1$$

（a）中方程的导数

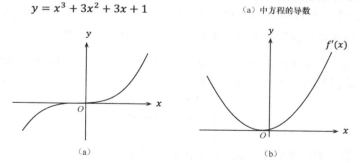

图8-12　函数曲线和导数曲线

我们通过稍微改变方程 $y = x^3 + 3x^2 + 3x + 1$ 中x的值，并计算y的变化就能画出导数图形。但怎样的方程才能画出这个图形呢？

　　这个问题可以通过记住表8-1中给出的3个公式[1]轻松解决。这张表很容易看懂，例如第一行是"原函数为常数，其导数为0"。

表8-1　微分公式

$f(x)$	$f'(x)$
k（常数）	0
x	1
x^n	nx^{n-1}

　　现在让我们来求 $y = x^3 + 3x^2 + 3x + 1$ 的导数。把这个表达式的常数部分替换为0，x替换为1，x^n替换为nx^{n-1}，可以得到

$$f'(x) = 3 \times x^{3-1} + 3 \times 2 \times x^{2-1} + 3 \times 1 + 0 = 3x^2 + 6x + 3$$

　　导数 $f'(x) = 3x^2 + 6x + 3$

Try Python　　$y = x^3 + 3x^2 + 3x + 1$ 与导数 $f'(x) = 3x^2 + 6x + 3$

　　利用公式，我们现在可以很容易地求出导数。代码8-3显示了一个完整的程序，看看我们是否真的能用这个函数画出一个粗略的图形。图8-13（a）所示是原函数 $y = x^3 + 3x^2 + 3x + 1$ 的图形，图8-13（b）所示是导数 $f'(x) = 3x^2 + 6x + 3$ 的图形。函数图形化使用NumPy的数组比较方便。

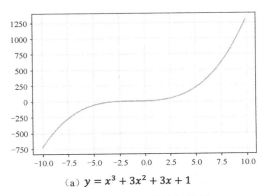

（a）$y = x^3 + 3x^2 + 3x + 1$

图8-13　代码8-3的执行结果

1　表8-1只显示了微分公式的一小部分。如果方程中有三角函数或指数，有专门的公式来计算，有兴趣的读者可以自行查阅。

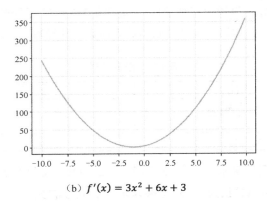

（b）$f'(x) = 3x^2 + 6x + 3$

图8-13　代码8-3的执行结果（续）

代码 8-3　绘制函数和对应导数的曲线

```
1. %matplotlib inline
2. import matplotlib.pyplot as plt
3. import numpy as np
4.
5. # x的值
6. x = np.arange(-10, 10, 0.1)
7.
8. #原函数
9. y = x**3 + 3*x**2 + 3*x + 1   ← f(x)=x³+3x²+3x+1
10. plt.plot(x, y)
11. plt.grid(color='0.8')
12. plt.show()
13.
14. # 导数
15. y2 = 3*x**2 + 6*x + 3   ← f′(x)=3x²+6x+3
16. plt.plot(x, y2)
17. plt.grid(color='0.8')
18. plt.show()
```

8.2.5　导数的含义

在学生时代，对 $y = -x^3 + 100x^2 - 2500x + 5000$ 求微分（或求其导数）可能是令大家都头疼的题目。当然，解题我们应该没有问题，但更重要的是，我们应该理解求出的导数有什么用。

图8-14（a）所示是函数$y=f(x)$的图形，图8-14（b）所示是$f(x)$的导数 $f'(x)$ 的图形，图8-14（c）所示是进一步对 $f'(x)$ 求导数的图形[1]。让我们来看看从这些图形中可以看到什么。

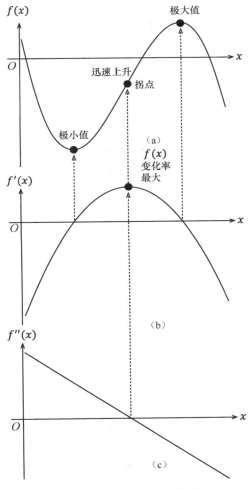

图8-14　导数告诉我们什么

1　$y=f(x)$的导数 $f'(x)$ 的导数表示"对导数的导数微分"，用 $f''(x)$ 表示。撇号的个数表示被微分的次数。

我们从导数中知道的第一点是函数 $f(x)$ 的极值，极值指平滑连续曲线中的最高和最低点，其中曲线的底部为极小值，顶部为极大值。当然，我们可以从图8-14中看出个大概，但确切的极值是导数 $f'(x)$ 为0时 x 对应的位置 [见图8-14（b）]。导数 $f'(x)$ 的值为0，也就是 $f(x)$ 的值没有发生变化。

我们从导数中可以看到的第二点是函数 $f(x)$ 变化最大的点。换句话说就是变化率最大，即增长最快（或下降最快）。我们可以通过观察导数 $f'(x)$ 的极值看到这一点。在图8-14中，我们可以看到，$f'(x)$ 的极大值是函数 $f(x)$ 变化率最大的点，也就是数值上升最快的地方。在图8-14中虽然没有出现，但 $f'(x)$ 的极小值表示负方向上变化最大[1]，即函数 $f(x)$ 值的下降幅度最大。

那么，我们如何找到导数的极值呢？我们可以通过对 $f'(x)$ 进行微分，即 $f''(x)$ 来绘制曲线 [见图8-14（c）]。$f''(x)$ 的值为0时的 x 值对应的就是导数 $f'(x)$ 的极值，也就是 $f(x)$ 变化率最大的点。这个点被称为拐点。

专栏　极小值与极大值

出现在一个图中的极值并不一定是最大的或最小的（见图8-14）。例如，在图8-15中，有3个极大值点（B,D,F）和极小值点（A,C,E），在某些情况下，极大值可能会小于极小值，例如极大值 D 小于极小值 A。

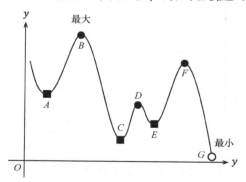

图8-15　极值和最大值、最小值

1　导数 $f'(x)$ 的极小值并不是变化率最小的点。变化率最小的点是 $f''(x)$ 等于0的点。

如果你无法理解，可以去查一下"极小值"和"极大值"的含义。极小值是指峰谷的平坦区域，极大值是指峰顶的平坦区域。我们不应混淆这两个术语，因为它们与最小值（点 G）和最大值（点 B）的含义不同。

8.3　什么是积分

积分总是与微分放在一起学习的，我们应该记住两件事：一是它是关于面积的计算，二是它是微分的逆运算。

8.3.1 变化的累加

图8-16是本章开头提到的某公司的工资结构图。看着这些数字，我们可能会问自己"到25岁时能有多少收入"或"我在40多岁时能有多少收入"你想知道吗？

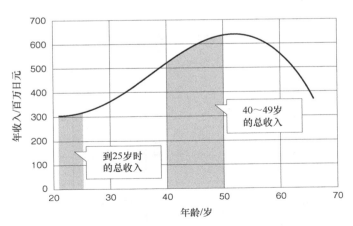

图8-16　工资结构

为了解决这个问题，我们制作了图8-17。

① 将前一年的年收入与今年的年收入相加。

② 把①得到的值绘制出来。

对比这两组数字，你会注意到一些信息。

对于那些还是觉得难以理解的人，我们准备了图8-18。这是年收入与总收入合并后，20～25岁期间的年收入和总收入部分的放大图。20～24岁的年收入之和对应于图8-18（b）中的第五条柱状体。为了详细说明这一点，图8-18（a）表示为面积，图8-18（b）表示为高度。这是积分的基础。

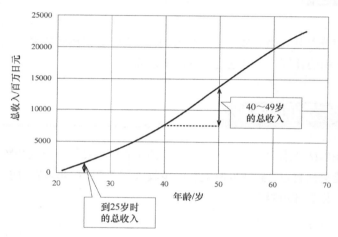

图8-17　总收入

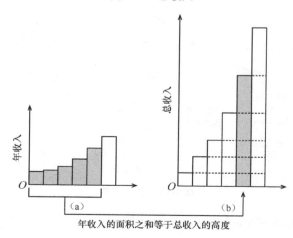

图8-18　年收入和总收入之间的关系

积分就是"部分的积累"。积累就是加法。我们在本小节开始时已经说过，积分是微分的逆运算，你是否已经明白了呢？

8.3.2 积分

"积分"一词指的是将连续变化的数值相加，得到总和。这就是它的全部。很简单，不是吗？

然而，在数学世界中，当我们看到积分方程中的一系列符号时，马上就会忘记它的含义。在数学世界中积分被表示为

$$\int f(x)\mathrm{d}x$$

$\int$ 的意思是求和，是summation的首字母s延展后的写法。从现在开始，当你看到这个表达式时，应该把它理解为 "$f(x)$以$\mathrm{d}x$为非常小的值代入求和"。

这里重要的一点是，我们谈论的是非常小的值$\mathrm{d}x$。例如，在图8-19（a）中，$y=x$的图形和x轴包围起来的区域，如果利用三角形的面积公式来求面积，可以表示如下。

$$S = \frac{10 \times 10}{2} = 50$$

该区域的面积为50。

下面让我们使用积分来求解［见图8-19（b）］。如果我们在图8-19（b）中画柱状图，把阴影部分的面积（长×宽）加起来为

$$S = 1 + 2 + 3 + 4 + 5 + 6 + 7 + 8 + 9 + 10 = 55$$

这个结果比我们通过三角形面积公式得到的数值要大。你知道这是为什么吗？

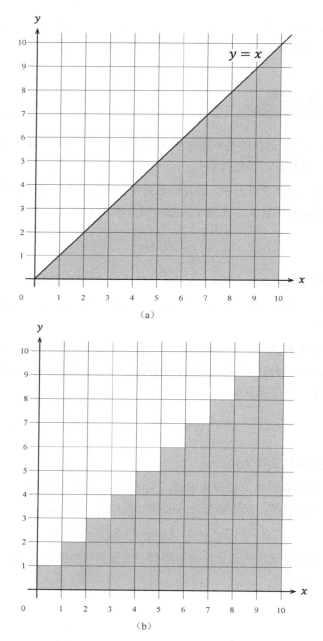

图8-19　求y=x与x轴所包围的区域的面积

正如我们在图8-19（a）中看到的，由直线围成的区域的面积可以用公式精确计算出来。然而，没有公式可以求出图8-20所示的弧形区域的面积。因此，我们可以将非常小的柱状体相加，即将弧形区域分割为非常细的柱状图，因为如果柱状图太宽，会产生图8-19（b）所示的误差。这就是为什么"非常小的值"是非常重要的。

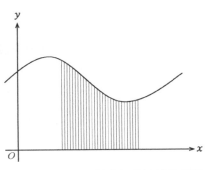

图8-20　曲线和x轴之间的区域的面积

Try Python　**柱状图的宽度与误差的关系**

当我们通过积分计算直线$y=x$和x轴围成的区域的面积时，柱状图的宽度越小，误差就越小，如图8-21所示。代码8-4中的calc_area()函数用于计算图8-21中阴影区域的面积。参数dx是柱状图的宽度，这个值越小，面积就越接近50（见表8-2）。

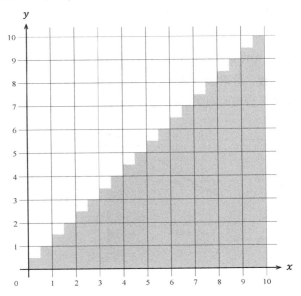

图8-21　缩小柱状图宽度以减小误差

```
>>> calc_area(1)  ← 当宽度为1时
55                ← 显示的结果
```

代码 8-4　通过改变柱状图的宽度确定面积

```
1. def calc_area(dx):
2.     h = 0              # 柱状图的高度
3.     area = 0           # 面积
4.     cnt = int(10 / dx) # 柱状图的数量
5.     for i in range(1, cnt+1):
6.         h = i * dx     # 求高度
7.         s = h * dx     # 求柱状图的面积
8.         area += s      # 柱状图面积的和
9.     return area
```

表8-2　代码8-4的执行结果

宽度	面积
1	55
0.5	52.5
0.1	50.499999
0.01	50.049999
0.001	50.005000

8.3.3　定积分、不定积分

图8-22是8.3节开头介绍的两个图形的纵向组合。我们已经看到，20～24岁的年收入之和就是图8-22（b）的图形高度。那么，40～49岁的收入总和是多少呢？只需要减去40岁前的总收入就可以得出。

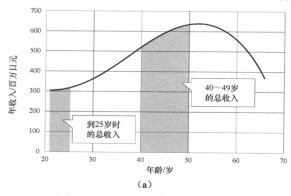

（a）

图8-22　年收入

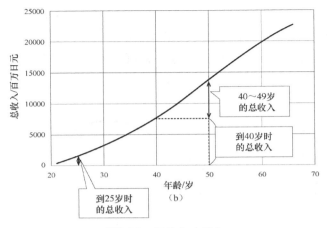

图8-22 年收入（续）

这种在某一范围内的积分，在数学上称为定积分，记为

$$\int_a^b f(x)\mathrm{d}x$$

它在"$\int$"旁边加上了"a"和"b"来表示，意思是范围的下限a和上限b，表示$f(x)$在a到b的范围内，代入$\mathrm{d}x$并积分。

而不指定范围的积分就是不定积分，记为

$$\int f(x)\mathrm{d}x$$

"定积分"和"不定积分"这两个术语可能在以下问题中出现过。

问题1：求$\int x^2\mathrm{d}x$的不定积分。

问题2：求$\int_2^4 x^2\mathrm{d}x$的定积分。

在解释这些问题的含义之前，让我们回顾一下微分和积分的关系。

8.3.4 原函数

图8-23（a）是我们之前多次提到的年收入图。图8-23（b）显示了

相邻年份年收入的差额，它显示了年收入的变化，也就是每年的薪资涨幅。现在让我们从下往上看。由图8-23（b）可见，员工从进公司开始到35岁之间薪资是逐年增长的。这种薪资的增长是由图形的高度来表示的。微分和积分之间就是这种关系。

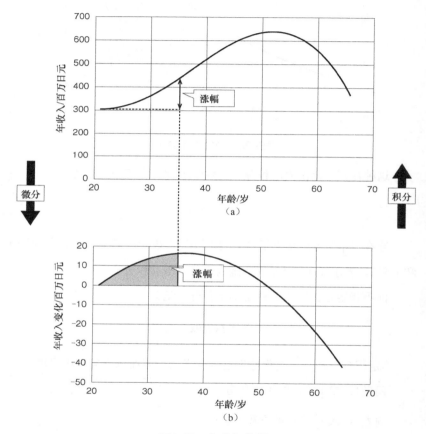

图8-23　年收入差额

积分是计算图8-23（b）所示的非常细的柱状体所覆盖的区域的面积的过程。然而，这种方法非常耗费时间。计算图8-23（a）所示的高度似乎更容易，不是吗？看下面的问题。

问题1：求不定积分$\int x^2 \mathrm{d}x$。

　　问题1的意思是"某函数的导数是x^2，求该函数"。这有点复杂。让我们通过图8-23来理解一下。

　　图8-23（b）是图8-23（a）的导数，图8-23（b）中阴影区域的面积可以通过图8-23（a）的函数得出。

　　导数为$f(x)$的函数被称为原函数，在数学中表示为$F(x)$。求原函数，也就是"求$f(x)$的不定积分"。换句话说，问题"求不定积分$\int x^2 \mathrm{d}x$"就等于"求导数为x^2的原函数$F(x)$"。

　　问题2：求定积分$\int_2^4 x^2 \mathrm{d}x$。

　　问题2等价于"求导数为x^2的原函数$F(x)$，当x的值为2～4时所围区域的面积"。

专栏　微分与积分的关系

　　微分、积分、不定积分、导数、原函数……在微分和积分学科中，使用了许多类似的术语。图8-24[1]可以让我们更好地了解它们之间的关系。

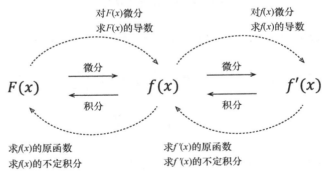

图8-24　$F(x)$、$f(x)$、$f'(x)$之间的关系

1　图8-24是微分和积分的示意图。通过对函数$f(x)$微分得到导数$f'(x)$；然而求其不定积分，也并不能完全得到原函数。原因将在8.3.6小节说明。

8.3.5 积分公式

在学生时代，我们对"求不定积分 $\int x^2 \mathrm{d}x$"和"求定积分 $\int_2^4 x^2 \mathrm{d}x$"这样的问题比较头痛。这两个问题在"求导数为x^2的原函数"部分是一样的。不定积分的结果就是原函数，而定积分的结果就是部分区域的面积，那么我们如何求导数为x^2的原函数呢？

我们可以通过使用公式 $\int x^n \mathrm{d}x = \dfrac{1}{n+1} x^{n+1} + C$（其中$C$是积分常数）求解。

让我们试着用这个公式解问题1。结果为

$$\int x^2 \mathrm{d}x = \frac{1}{2+1} x^{2+1} + C = \frac{1}{3} x^3 + C \quad \text{（其中C是积分常数）}$$

最后的括号部分"（其中C是积分常数）"也是必须要写出来的。

给定了积分范围的问题2中，我们要求出图8-25中阴影区域的面积，也就是x的值为4时的面积减去为2时的面积。用一般公式表示为

$$\int_a^b f(x)\mathrm{d}x = [F(x)]_a^b = F(b) - F(a)$$

在 $\int x^2 \mathrm{d}x = F(x) = \dfrac{1}{3} x^3 + C$ 中，把$x=4$和$x=2$代入后，可以得到

$$\int_2^4 x^2 \mathrm{d}x = \left[\frac{1}{3} x^3 + C\right]_2^4 = \left(\frac{1}{3} \times 4^3 + C\right) - \left(\frac{1}{3} \times 2^3 + C\right) = \left(\frac{64}{3} + C\right) - \left(\frac{8}{3} + C\right) = \frac{56}{3}$$

那么，图8-25中阴影区域的面积等于 $\dfrac{56}{3}$。

如果你认为曲线所包围的面积无法测量，所以无法判断 $\dfrac{56}{3}$ 是否正确，那么可以尝试求解

$$\int_0^{10} x\mathrm{d}x$$

这就是求$y=x$的图形和x轴包围起来的部分中，x为0～10时的面积，即图8-26中阴影区域的面积。通过计算，我们得到

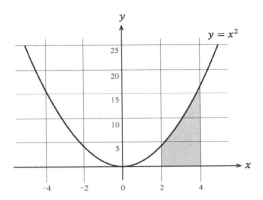

**图8-25　** $y=x^2$ 的图形和积分的范围

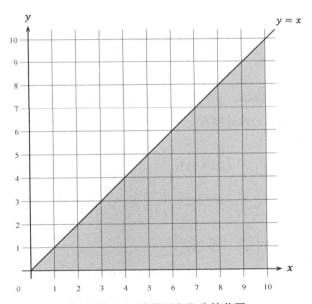

**图8-26　** $y=x$ 的图形和积分的范围

$$\int_0^{10} x\mathrm{d}x = \left[\frac{1}{1+1}x^{1+1} + C\right]_0^{10} = \left(\frac{1}{2}\times 10^2 + C\right) - \left(\frac{1}{2}\times 0^2 + C\right)$$
$$= (50+C) - (0+C) = 50$$

其结果与我们用三角形面积公式得到的数值相同。

Try Python 　　求定积分 $\displaystyle\int_{-3}^{3}(x^2+2x+5)\mathrm{d}x$

图8-27是 $y=x^2+2x+5$ 的图形。求 x 的值为 $-3\sim3$ 的区域的面积（阴影区域的面积）。

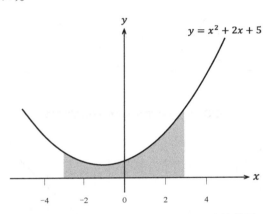

图8-27　$y=x^2+2x+5$ 的图形和积分的范围

如果函数 $f(x)$ 像这样有一个以上的项，我们应将公式应用于每一项，求不定积分。

$$\int_{-3}^{3}(x^2+2x+5)\mathrm{d}x$$

$$=\left[\frac{1}{2+1}x^{2+1}+2\times\frac{1}{1+1}x^{1+1}+5\times\frac{1}{0+1}x^{0+1}\right]_{-3}^{3}$$

$$=\left[\frac{1}{3}x^3+x^2+5x\right]_{-3}^{3}$$

后续的计算我们用计算机来进行。定积分可以用如下公式计算。

$$\int_{a}^{b}f(x)\mathrm{d}x=[F(x)]_{a}^{b}=F(b)-F(a)$$

代入 -3 和 3 作为参数，运行后结果为48。

```
>>> def F(x):                    ←  F(x) = 1/3 x³+x²+5x
...     return 1/3*x**3+x**2+5*x
...
>>> a = F(-3)                    ←  F(a)
```

```
>>> b = F(3)              ← F(b)
>>> b-a                   ← F(b)−F(a)
 48.0                     ← 显示的结果
```

除了这种方法外，在Python中，我们还可以使用SciPy[1]的integrate模块[2]中定义的quad()函数来计算定积分。因此，我们不需要自己去求不定积分。如下代码可以求出定积分 $\int_{-3}^{3}(x^2+2x+5)\mathrm{d}x$ 。quad()函数返回两个值[3]，其中第一个是定积分的值。

```
>>> from scipy import integrate
>>> def func(x):                     ]← 定义基础函数
... return x**2+2*x+5
...
>>> integrate.quad(func, -3, 3)      ← 求定积分
(47.99999999999, 5.32907051820075e-13)← 显示的结果
```

8.3.6 什么是积分常数 C

我们在上一小节求解定积分时已经注意到，在计算过程中，不定积分后面的积分常数C消失了。你是否有想过，为什么在不定积分的后面要加上积分常数C？

同样的问题，求不定积分 $\int x^2\mathrm{d}x$ 。

也就是求导数为x^2的原函数$F(x)$。

$$F(x)=\frac{1}{3}x^3$$

现在让我们做逆运算，求 $y=\frac{1}{3}x^3+5$ 的导数。

积分的逆向是求导。对上述方程求导，我们得到

---

1 这是一个科学计算库，包含在Anaconda中。

2 这是定义积分函数的模块。

3 第二个值是估计误差。

$$f'(x) = x^2$$

以同样的方式对 $y = \dfrac{1}{3}x^3 + 333$ 和 $y = \dfrac{1}{3}x^3 + 634$ 求导，结果都是 $f'(x) = x^2$。

换句话说，不仅函数 $y = \dfrac{1}{3}x^3$，而且 $y = \dfrac{1}{3}x^3 + 5$，$y = \dfrac{1}{3}x^3 + 333$ 等很多函数的求导结果都为 $f'(x) = x^2$。

因此，我们可以把求导时消失的常数部分表示为

$$\int x^2 \mathrm{d}x = \frac{1}{3}x^3 + C \quad （其中C为积分常数）$$

那为什么当我们求定积分时C会消失呢？因为以下公式[1]：

$$\int_a^b f(x)\mathrm{d}x = [F(x)]_a^b = F(b) - F(a)$$

8.4 微积分的实际应用

微分是了解事物变化的工具，积分是了解极小部分总和的工具。现在我们将展示几个例子，说明微积分在实践中的应用。

8.4.1 曲线的切线

你是否在数学课本中读到过"微分系数是指y=f(x) 在x=a时切线的斜率"？这与我们在8.2.2小节中讲的一样，尽管"切线"是个新词，而且不太容易理解。让我们看一下图8-28，以理解课本上讲过的内容。

图8-28（a）中点B变为点A后y值的变化率为 $\dfrac{f(a+h) - f(a)}{h}$，该变化率等于直线AB的斜率。从点B所在的位置开始，点B逐渐接近点A。当

---

[1] 由于我们需要用F(x)的上限和下限进行减法运算，所以积分常数C必然会被消除。

接近到极限时，如图8-28（b）所示，通过点A的直线AB与曲线y=f(x)相切。也就是说"微分系数就是y=f(x)在x=a时的切线的斜率"。

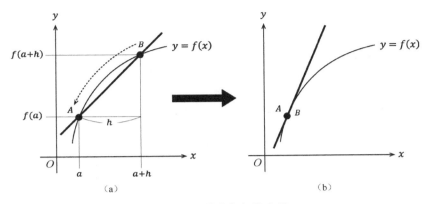

图8-28　与曲线相切的直线

Try Python　绘制切线

"微分系数就是y=f(x)在x=a时的切线的斜率"，下面代入具体的数值看一下。

例如，微分系数就是 $y = 2x^2 + 3$ 在x=0.25时切线的斜率。把x=0.25代入算式中，得到y=3.125。代码8-5是绘制函数曲线 $y = 2x^2 + 3$ 在点(0.25,3.125)处的切线的完整程序，执行结果如图8-29所示。

代码 8-5　绘制切线

```
1. %matplotlib inline
2. import matplotlib.pyplot as plt
3. import numpy as np
4.
5. # x的值
6. x = np.arange(-1, 1, 0.1)
7.
8. # 原函数
9. y = 2*x*x + 3
10.
```

```
11. # 切线
12. a = 4*0.25                # 导数 f'(x)= 4x（斜率）      ← ①
13. b = 3.125 - a * 0.25      # 截距 b = y - ax
14. y2 = a*x + b              # 切线
15.
16. # 绘图
17. plt.plot(x, y)            # 原函数
18. plt.plot(x, y2)           # 切线
19. plt.grid(color='0.8')
20. plt.show()
```

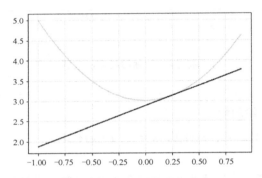

图8-29　代码8-5的执行结果

从①开始的3行代码是为了得到切线($y=ax+b$)的方程。切线的斜率a为 $y = 2x^2 + 3$ 在$x=0.25$时的微分系数，把$x=0.25$代入导数$f'(x)=4x$可以求出。将$y=ax+b$变形为$b=y-ax$后，代入斜率和坐标$(0.25, 3.125)$，即可得到截距b。最后直接用切线的方程来画曲线。

专栏　绘制平滑曲线

让我们试着用绘图软件画一条曲线。你能完全按照意愿画出来吗？你是否有这样的经历：想画一条图8-30（a）所示的平滑曲线，但最后却出现了不自然的弯曲和角度，如图8-30（b）所示。

光滑的拐点

拐点不自然

（a）

（b）

图8-30 曲线的"拐点"

最常见的曲线类型是贝塞尔曲线，使用4个点绘制：一个起点、一个终点和两个控制点，它们决定了曲线的形状（见图8-31）。有些绘图软件允许我们在绘制曲线后通过自由移动控制点来修改曲线的形状，而不必担心起点和终点。在这种情况下，我们应该注意连接起点与控制点①、终点与控制点②的直线。你知道这是为什么吗？

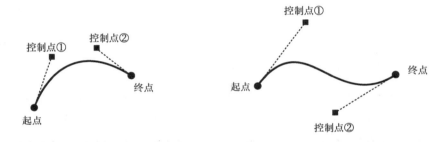

控制点①

控制点②

控制点①

起点

终点

终点

起点

起点

控制点②

图8-31 决定贝塞尔曲线形状的点

这两条直线是通过起点或终点的切线。切线的斜率是某一点的变化率，也就是曲线的变化率。我们把曲线斜率的计算工作交给计算机，而集中精力利用控制点画出一条漂亮的曲线。

对平滑曲线的要求［见图8-32（a）］如下。

● 第一条曲线的终点和第二条曲线的起点必须在同一位置。

● 第一条曲线的终点和控制点②之间的切线的斜率必须等于第二条曲线的起点和控制点①之间的切线的斜率。

在软件允许我们绘制一系列曲线的情况下，第一条曲线的终点和第二条曲线的起点应该在同一位置，但如果切线的斜率不同，我们将得到一个不自然的形状，如图8-32（b）所示。

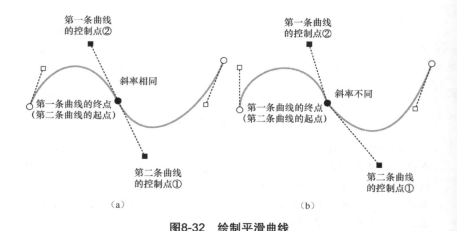

（a）   （b）

图8-32　绘制平滑曲线

8.4.2　提取轮廓

图像处理软件有提取和显示图像轮廓的功能（见图8-33），我们称之为"提取轮廓"或"提取边缘"，其工作方式与微分的方法相同。

（a）原图   （b）提取轮廓

图8-33　提取轮廓

我们可以通过一个物体的颜色变化和阴影来识别其形状，处理图像的软件也是如此。通过阴影（每个像素的亮度）和图像的颜色信息，软件就可以识别出变化不大的区域和亮度急剧变化的轮廓部分（见图8-34）。

轮廓的样子是由亮部和暗部的鲜明对比决定的

图8-34 亮度急剧变化的轮廓线

查看数值变化的最好方法是减法。在有关图像处理的书籍中有"切分图像"的表述,实际上做的是减法。

Try Python   **用程序提取图像的轮廓**

代码8-6是一个提取图像轮廓的程序,其执行结果如图8-35所示。我们使用了PIL库来加载图像。提取轮廓的图像文件为sample.png,与代码放在同一文件夹中。

（a）原图

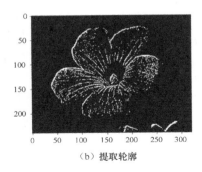

（b）提取轮廓

图8-35 代码8-6的执行结果

代码 8-6 提取图像轮廓

```
1. %matplotlib inline
2. import matplotlib.pyplot as plt
3. from PIL import Image
4.
5. # 打开图像文件
6. src_img = Image.open('sample.png')              ← ①
7. plt.imshow(src_img)
8. plt.show()
9.
10. # 图像大小
11. width, height = src_img.size
12.
13. # 用于输出的新图像
14. dst_img = Image.new('RGB', (width, height))     ← ②
15.
16. # 彩色 -> 黑白
17. src_img = src_img.convert("L")                  ← ③
18.
19. # 提取轮廓
20. for y in range(0, height-1):
21.     for x in range(0, width-1):
22.         # 调整亮度差异
23.         diff_x = src_img.getpixel((x+1, y)) - src_img.
                getpixel((x, y))
24.         diff_y = src_img.getpixel((x, y+1)) - src_img.
                getpixel((x, y))
25.         diff = diff_x + diff_y                   ← ④
26.
27.         # 输出
28.         if diff >= 20:                           ← ⑤
29.             dst_img.putpixel((x, y), (255, 255, 255))
30.         else:
31.             dst_img.putpixel((x, y), (0, 0, 0))
32. plt.imshow(dst_img)
33. plt.show()
```

代码 8-6 中，①是打开图像文件。②是新创建了一个相同大小的、用于输出的新图像。该区域用于绘制提取的轮廓线。由于我们需要使用黑白图像以更好地提取轮廓，在③中将彩色图像转换为黑白图像。这些命令在PIL库中已经定义好。接下来是调整每个像素的亮度并在指定的像素上绘制的过程，这些命令在PIL库中也有定义。

④中的嵌套循环是提取图像轮廓的过程。利用这个循环，我们可以按照从左到右、从上到下的顺序访问图像的所有像素。现在我们就可以计算出左右两个相邻像素之间的亮度差（diff_x）和上下两个相邻像素之间的亮度差（diff_y），如果两者之和大于或等于20（⑤），我们将在对应的像素上画一个白点。这个白点就在图像轮廓上。

这里我们将亮度的差异设定为20（被称为"阈值"），还可以改变这个值，以获得不同的结果。建议读者对这个值进行多次测试，因为它在处理不同的图像时是不同的。

专栏　计算图像的面积

图8-36（b）中的花的面积是多少？提到面积我们就会想到积分，不是吗？用方程和曲线来求花的面积是非常困难的。接下来我们将采用计算像素数量的方法。

（a）

（b）

图8-36　计算图像的面积

在医学领域，我们使用图像，如X光片、CT和MRI来帮助诊断疾病。例如，在胸部CT扫描中，我们可以"看到"心脏和肺部的横截面，可以通过计算像素的数量来算出每个区域的面积，进而可以通过将连续部分的面积相加来得到体积。

我们必须把大的东西变得越来越小，然后把小的东西再叠加起来。有趣的是，这可以改变同一事物的外观！

8.4.3 圆周长和面积之间的关系

在一张纸上画一个小圆；接下来，画一个半径比第一个圆大一点的圆，圆心在同一位置；再画一个半径更大的圆，然后重复……你将得到图8-37所示的同心圆。最外层的圆似乎与小圆紧密相连。

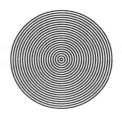

图8-37 绘制半径略有增加的同心圆

通过积分，将一系列非常细的柱状体相加，可以计算一条曲线下的区域的面积。如果我们用"细圆"代替柱状体，就可以用圆周长来求出图8-37中最外层圆的面积，不是吗？

求圆周长的公式是 $2\pi r$，求不定积分

$$\int (2\pi r)\mathrm{d}r = 2\pi \times \frac{1}{1+1}r^2 = \pi r^2 + C \quad \text{（其中} C \text{是积分常数）}$$

这就给我们提供了圆的面积公式。接下来对 $f(r) = \pi r^2$ 求导。

$$f'(r) = 2\pi r$$

得出了圆周长的公式。导数描述的是变化，换句话说，这个导数意味着半径增加一点，圆的面积随着周长的变化而变化。

Try Python　求卷筒纸的长度

图8-38显示了从顶部看卷筒纸的样子, 让我们尝试用图中的数值来求出卷筒纸的长度。

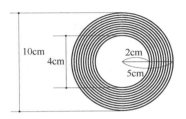

图8-38　从顶部看卷筒纸

我们假设卷筒纸是由一圈又一圈的薄纸片缠绕而成的。因此, 一圈的长度是半径为r的圆的周长, 而半径从2cm到5cm的圆的总周长可以用如下公式求出。

$$\int_2^5 (2\pi r)\mathrm{d}r = [\pi r^2]_2^5$$

仔细看一下积分的公式。这意味着 “对函数 $y = 2\pi r$ 的r求积分”。这里求出的值是图8-38中卷筒纸的面积, 而不是卷筒纸的长度。

图8-39显示了一张被拉伸的卷筒纸的水平视图。由于有着相同的来源, 图8-39中的细长方形的面积和图8-38中的甜甜圈状圆的面积应该相同。

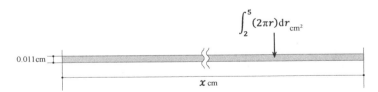

图8-39　卷筒纸被拉伸后的水平视图

如果我们把纸的厚度定为0.11mm（=0.011cm）, 通过积分计算出的面积为S, 设卷筒纸的长度为x, 那么,

$$S = 0.011 \times x$$

因此，解x就可以得到长度。

在代码8-7中有这些计算的完整代码。对于定积分的计算，我们使用了SciPy中定义的 integrate.quad()函数。当我们运行这个程序时，可以得到

```
(65.97344572538566, 7.324523845818128e-13)
5997.58597503506
```

第二行的数字为卷筒纸的长度，单位是cm，约为60m。

代码 8-7　求卷筒纸的长度

```
 1. from scipy import integrate
 2. import math
 3.
 4. # 求半径为r的圆的周长
 5. def calc_area(r):
 6.     return 2 * math.pi * r
 7.
 8. # 半径为2~5cm的圆的周长之和
 9. s = integrate.quad(calc_area, 2, 5)
10. print(s)
11.
12. # 卷筒纸的长度
13. x = s[0] / 0.011
14. print(x)
```

8.4.4 圆锥的体积

你还记得圆柱和圆锥的体积公式吗？如果横切一个圆柱，切面是一个半径为r的圆。圆柱的体积可以通过堆积高度为h的圆得出，所以用 $V = \pi r^2 h$ 可以求出圆柱体积［见图8-40（a）］。圆锥的体积呢？在学校里我们曾经学过公式 $V = \frac{1}{3}\pi r^2 h$ ，你有没有想过这是为什么呢［见图8-40（b）］？

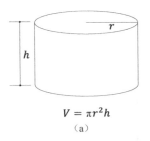

$$V = \pi r^2 h$$
（a）

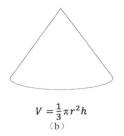

$$V = \frac{1}{3}\pi r^2 h$$
（b）

图8-40　圆柱和圆锥

图8-41显示了过圆锥的顶点进行垂直切割的切面，可以看到形成了一个直角三角形。

如果我们把刚才横切的大三角形的底设为r，顶点到x的横切三角形的底边设为l，那么如下比例式成立。

$$h : r = x : l$$

小三角形的底l可以用以下算式表示。

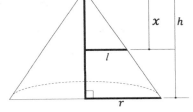

$$l = \frac{r}{h}x$$

因为用半径为l的圆，高度从0堆积到h，可以得到圆锥，所以可以通过以下公式计算它的体积。

图8-41　垂直切割圆锥

$$V = \int_0^h \pi\left(\frac{r}{h}x\right)^2 \mathrm{d}x = \left[\pi \times \frac{1}{3} \times x^3 \times \frac{r^2}{h^2}\right]_0^h = \frac{1}{3}\pi h^3 \times \frac{r^2}{h^2} = \frac{1}{3}\pi r^2 h$$

结果就是我们学过的公式。如果我们以圆锥为例，三棱锥和四棱锥的体积都可以通过底面积S求得，即

$$V = \frac{1}{3}Sh$$

8.4.5　球的体积与表面积的关系

利用积分，我们可以很容易地计算出网球、足球、西瓜甚至地球的

体积。图8-42显示了一个半径为r的球的横切面。

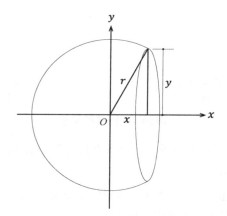

图8-42 垂直切割一个球

由于是垂直切割球，所以截面是一个圆。在图8-42中，我们在距离球心为x的地方垂直切割球，因此该截面的半径y由勾股定律可以求出。

$$x^2 + y^2 = r^2$$
$$y = \sqrt{r^2 - x^2}$$

截面的面积S为

$$S = \pi\left(\sqrt{r^2 - x^2}\right)^2 = \pi r^2 - \pi x^2$$

球的体积V是从$-r$到r的截面的积分，所以通过如下公式可以求出球的体积。

$$V = \int_{-r}^{r} (\pi r^2 - \pi x^2)\mathrm{d}x = \left[\pi r^2 x - \frac{1}{3}\pi x^3\right]_{-r}^{r}$$
$$= \left(\pi r^2 \times r - \frac{1}{3}\pi r^3\right) - \left(\pi r^2 \times (-r) - \frac{1}{3}\pi \times (-r)^3\right)$$
$$= \frac{3}{3}\pi r^3 - \frac{1}{3}\pi r^3 + \frac{3}{3}\pi r^3 - \frac{1}{3}\pi r^3 = \frac{4}{3}\pi r^3$$

结果就是我们学过的球体积的计算公式。

那么，当我们对球的体积公式进行微分时，会得到什么？

$$V' = 4\pi r^2$$

这就是球表面积的计算公式。

我们已经在8.3.4小节中讨论过，微分和积分是逆向操作。然而，可能有些人会问：“为什么通过累积从球上切下的圆的面积就能求出体积，并通过微分就能求出表面积呢？”有些人可能没有完全想明白。

重申一下，逆向关系是我们的“计算方式”，而不是我们“得到答案的意义”。

Try Python　求球的体积与表面积

现在我们知道了球的体积和表面积的计算公式。只要知道半径，什么都可以算出来。一个网球的半径约为3.4cm，一个足球的半径约为11cm，一个普通西瓜的半径约为13cm，地球赤道的半径约为6380km。

```
>>> import math
>>> r = 3.4                       ← 网球的半径
>>> v = 4/3 * math.pi * r**3      ← 计算体积
>>> v
164.63621020892427               ← 显示的结果（体积）
>>> s = 4 * math.pi * r**2        ← 计算表面积
>>> s
145.267244301992                 ← 显示的结果（表面积）
```

附录 A
软件安装指南

A.1　Python 的版本

本书中的代码已经在Python 3.6 和 Python 3.7上验证运行过。

Python有两个版本，Python 2.x和Python 3.x，它们彼此不兼容。因此，请注意，在Python 2.x版本的环境中可能无法运行本书中的代码。

我们将在附录中讲解在Windows操作系统下，软件如何安装和使用。对于macOS、Linux和其他操作系统，请参考相应的帮助文档。

A.2　安装 Anaconda

这里我们将安装Anaconda，它包含了几乎所有在开发程序时需要用到的库。它不仅提供标准的Python库，还提供了其他很多有用的库，比如NumPy、Matplotlib、SymPy等。安装Anaconda时还会同时安装可以直接编辑代码的工具Jupyter Notebook。

Anaconda可以从官方网站下载（见图A-1）。请下载适合你的计算机环境的Python 3.x版本的Anaconda。因为文件比较大，下载可能需要花一些时间。

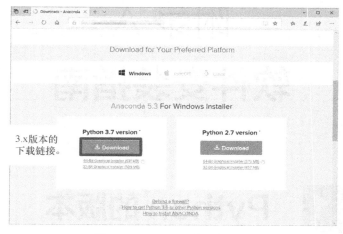

图A-1　Anaconda的下载页面

　　双击下载后的安装文件，安装程序就会启动。请按照指示进行安装（见图A-2）。

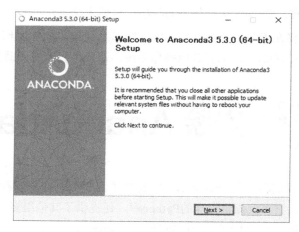

图A-2　安装Anaconda

Anaconda将被安装在表A-1所示的安装路径中。

表A-1　标准安装路径

操作系统	标准安装路径
Windows 10	C:\Users\Anaconda3\
macOS	/Users/anaconda3
Linux	/home/anaconda3

如果你需要改变安装路径，可以在安装过程中修改（见图A-3）。请注意，文件夹名称中不能使用空格或Unicode字符。

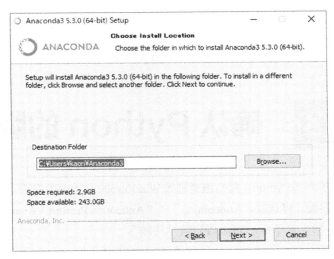

图A-3　选择安装路径

在安装过程中，会提示将Python文件夹添加到Windows PATH系统环境变量中，你会看到这是"不推荐"的设置（见图A-4）。这里不需要添加任何PATH。

你还会看到一个微软Visual Studio Code的安装画面，如果你不需要，可以跳过。在本书中，我们不使用Visual Studio Code。当你看到"Finish"按钮时，安装就完成了。

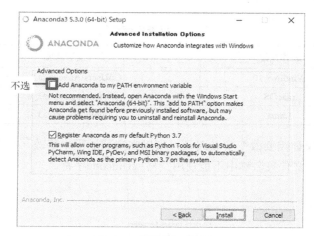

图A-4　安装选项的选择

A.3　确认 Python 的版本

为了熟悉Python，我们需要通过Windows的开始菜单打开Anaconda命令行界面，可选择"Anaconda3"->"Anaconda Prompt（Anaconda3）"（见图A-5）。对于macOS，请启动"终端"。

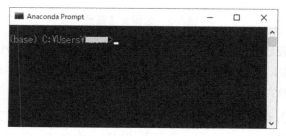

图A-5　Anaconda Prompt

在这里你可以通过输入以下命令来确认Python的版本（见图A-6）。

```
> python --version <enter>
```

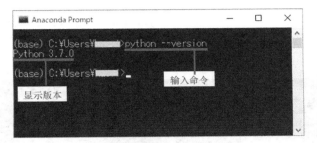

图A-6　确认Python的版本

A.4　使用 Python 解释器

现在我们准备通过Anaconda的命令行启动Python解释器。在命令行中输入"python"，然后按Enter键（见图A-7）。可以发现">"变为">>>"。这就启动了Python解释器。

```
> python
```

图A-7　Python解释器

Python的魅力在于，我们可以像与Python互动一样运行程序。例如，我们可以输入"1+1"，并期望它回答我们"2"。在本书中，我们也会使用Python解释器来进行这种简单的编程。例如，在解释器中有如下内容。

```
>>> bin(-10 & 0b11111111)
'0b11110110'
```

以提示符"＞＞＞"开头的行是Python命令，没有提示符的行是运行的结果（见图A-8）。

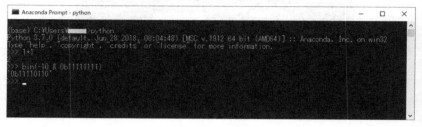

图A-8　执行命令

要退出Python解释器，键入exit()就可以回到Anaconda命令行界面，在macOS上会回到终端。

```
>>> exit()
```

专栏　Python解释器运行程序

对于简单的程序，Python解释器就可以直接运行。例如，在图A-9中我们可以看到十进制到二进制的转换程序［函数dec2bin()］，见代码1-1。

```
>>> dec2bin(26)          ←dec2bin()函数将26转换成二进制
[1, 1, 0, 1, 0]          ←显示的结果
>>> bin(26)              ←Python中的bin()函数将26转换成二进制
'0b11010'                ←显示的结果
```

代码1-1 dec2bin()函数将十进制数转换成二进制数

```
1.  def dec2bin(target):
2.      amari = []        # 余数列表
3.
4.      # 直到商为0
```

图A-9　Python解释器的输入和输出示例

为了在Python解释器中实现这一点，我们首先定义函数，然后运行。

```
>>> def dec2bin(target):←  这里定义函数
        amari = []        # 用空格和制表符对齐
        while target != 0:  ←  省略注释或空行
            amari.append(target % 2)
            target = target // 2
        amari.reverse()
        return amari
>>> dec2bin(26)                ←  使用定义的函数
[1, 1, 0, 1, 0]                ←  显示的结果
```

注意，在Python解释器中输入一个空行将被解释为该代码块的结束。请确保你在输入上面的代码时没有任何空行。

Python解释器是一个非常有用的工具，它允许我们确认每条命令的执行结果。当然，如果你的输入有错误，会立刻得到错误提示，什么也不会被执行。这时我们就必须从头再来，过程有点儿乏味。如果你在创建函数时不小心输错了，就不得不从头开始创建函数，这是非常低效的。对于较长的程序，我们建议使用程序编辑工具，如Jupyter Notebook。

A.5　如何使用 Jupyter Notebook

Jupyter Notebook是一个可以让我们直接在浏览器上进行代码编辑、执行和管理程序的工具（见图A-10）。Jupyter Notebook会和Anaconda一起安装，不需要单独安装。

要启动Jupyter Notebook，从开始菜单中选择“Anaconda3”->“Jupyter Notebook”。在启动命令行之后，很快就会启动浏览器，并看到Jupyter Notebook的页面（见图A-11）。在macOS中，可以通过启动“终端”并输入“jupyter notebook”来启动该程序。主目录是安装Anaconda的文件夹。

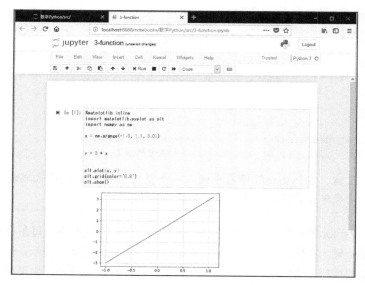

图A-10 Jupyter Notebook的代码编辑画面

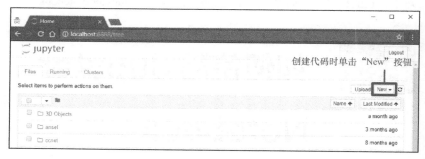

图A-11 Jupyter Notebook页面

A.5.1 创建程序

单击屏幕右上角的"New"按钮（见图A-11），打开下拉菜单。选择"Python3"，进入创建程序的页面（见图A-12），可以在In[ ]右边的方框中（这被称为"单元格"）输入代码。单击左侧的"Run"按钮，这个单元格的程序会被运行。Out[ ]右边是代码执行后的结果。

图A-12 运行程序

你可以在几个单元格中分开输入代码。运行程序时可以从"Cell"菜单中选择"Run All"或"Run All Below"。选择"Run All"可以执行屏幕上显示的所有代码；选择"Run ALL Below"，可以执行当前编辑代码之后的所有代码。

单元格的代码多次执行时，可能会有某个变量的值丢失。在这种情况下，请从"Kernel"菜单中选择"Restart & Run All"，刷新并重新执行代码。

A.5.2 重命名并保存

直接从"File"菜单选择"Rename"，或通过单击文件名来重命名（见图A-13）。一旦程序写好了，就需要保存该文件。可以从"File"菜单中选择"Save and Checkpoint"，或单击工具栏上的"Save and Checkpoint"按钮。

图A-13 重命名

A.5.3 关闭 Jupyter Notebook

　　在创建程序的页面上，从"File"菜单中选择"Close and Halt"。然后返回到主目录。退出浏览器后，在命令行界面中输入CTRL+C来退出Jupyter Notebook。